献给我的父亲——

比尔·赫斯（Bill Hess），

是您带我第一次来到纽约，在我眼前展示了所有可能。

Cartier
THE
NEW YORK
NYC TAXI

图书在版编目（CIP）数据

纽约漫步 /（澳）梅根·赫斯著；李慧雯译 . -- 北京：中信出版社，2018.11

书名原文：New York: Through a Fashion Eye

ISBN 978-7-5086-9404-7

Ⅰ . ①纽… Ⅱ . ①梅… ②李… Ⅲ . ①服饰美学—通俗读物 Ⅳ . ① TS941.11-49

中国版本图书馆 CIP 数据核字（2018）第 198458 号

纽约漫步

著　　者：［澳］梅根·赫斯
译　　者：李慧雯
出版发行：中信出版集团股份有限公司
（北京市朝阳区惠新东街甲 4 号富盛大厦 2 座　邮编　100029）
承 印 者：北京利丰雅高长城印刷有限公司

开　　本：880mm × 1230mm　1/32　　印　　张：6.5　　字　　数：120 千字
版　　次：2018 年 11 月第 1 版　　印　　次：2018 年 11 月第 1 次印刷
京权图字：01-2018-6369　　广告经营许可证：京朝工商广字第 8087 号
书　　号：ISBN 978-7-5086-9404-7
定　　价：58.00 元

图书策划 中信出版·小满工作室
总 策 划 卢自强　　策划编辑 王　絮　　责任编辑 黎永娥　丁斯瑜
营销编辑 杨　硕　林味熹　　装帧设计 门乃婷工作室　　内文排版 冉　冉

服务热线：400-600-8099
投稿邮箱：author@citicpub.com

纽约漫步

[澳]梅根·赫斯（Megan Hess）著　李慧雯　译

Through a Fashion Eye

中信出版集团·北京

5AV
ONE WAY
DONT WALK
New York
ST. REGIS
DO NOT DISTURB
PLEASE
VOGUE
NYC TAXI
BROADWAY
New York
ST. REGIS
DO NOT DISTURB
PLEASE
ONE WAY
DONT WALK
THE
NEW YORKER
NYC TAXI
New York
BROADWAY
BAZAAR
NYC TAXI

5AV
ONE WAY
DONT WALK
New York
ST REGIS
DO NOT DISTURB PLEASE
BROADWAY
New York
AY
VANITY FAIR
NYC TAXI
New York
5AV
ONE WAY
DONT WALK
BROADWAY
ST. REGIS
DO NOT DISTURB PLEASE
ONE WAY
DONT WALK

BROADWAY
ONE WAY
COACH

目录

Contents

About the author

关于作者

—

梅根 · 赫斯生来注定要画画。起初她从事的是平面设计工作，后来成为了世界顶尖设计机构的艺术指导。2008 年，赫斯为《纽约时报》排名第一的畅销书——《欲望都市》绘制了插画，后来陆续为迪奥高定服装绘制插画，为卡地亚和路易威登设计经典插图，在米兰为普拉达和芬迪设计插画，并为纽约的波道夫 · 古德曼百货绘制了橱窗设计。赫斯的插画也出现在限量版的印刷品和家居用品上。她的知名客户包括香奈儿、迪奥、芬迪、蒂芙尼、圣罗兰、《时尚》、《时尚芭莎》、卡地亚、巴尔曼、路易威登和普拉达。赫斯已经出版了 5 本畅销书，同时她也是入驻欧特家顶级酒店（Oetker Masterpiece Hotel）的艺术家。她不在工作室时，应该就在巴黎勒布里斯托酒店的某个舒适的角落里画素描，勒布里斯托是她“家以外的家”。

点击 meganhess.com 可访问梅根的官方网站。

Acknowledgements

致谢

—

感谢梅利·索尔基亚（Meelee Soorkia），你是时尚插画师能拥有的最好的编辑！这是我们合作的第三本书了，但我们享受了太多的乐趣以至于根本没有觉得是在工作。你既有奇思妙想又非常理性，让我惊叹不已。

感谢劳拉·加德纳（Laura Gardner），感谢你为这本书做的研究，和你一起工作非常快乐。还要感谢你对寻找时尚和魅力一以贯之的不懈精神。

感谢玛蒂娜·格拉诺里克（Martina Granolic），谢谢你用犀利的目光审视这本书中的每一幅画，谢谢你如此在意每一页中的每一个小细节。

感谢穆里·巴特恩（Murray Batten），你为我的每本书做的设计都令我激动不已。你可以把 100 幅插画和大量文字呈现出最美丽的视觉效果，我从未停止对你这种能力的赞叹。

感谢贾丝廷·克莱从一开始便对我的工作给予鼓励和支持，没有你在纽约给我的庇护，根本不会有这本书。在我心中，认识你就像是彩票中奖一样。

感谢我的丈夫克雷格（Craig），谢谢你支持我的每一个小小的梦想，谢谢你和我分享热衷于探索纽约的故事。

感谢我的两个孩子，格温（Gwyn）和威尔（Will）。每天结束工作后，你们俩给我带来非常多的欢乐。感谢你们用自己可爱的方式激励着我永远全力以赴。

09 中城区

10 诺玛区

11 翠贝卡区

12 苏活区

13 联合广场

15 上西区

16 西村

14 上东区

Introduction

引言

我十几岁第一次踏足这座不夜城时，便爱上了这里。记得那是寒冷的三月里的某一个清晨，我来到纽约，空气冷冽，雾气从街上冒出来。我从没见过这么多摩天大楼，鸣笛的出租车从身旁呼啸而过，时髦的纽约人在人行道上昂首阔步，这就是一直以来我想象的曼哈顿的样子。当我终于来到这里，看到这一幕幕时，我非常兴奋。

之后每一年我都会再回到这里，拿着小小的旅行箱，怀着美好的梦想，希望能在这座迷人的城市里开创 份属丁自己的创意事业。在 2006 年的旅行中，我遇到了贾丝廷 · 克莱（Justine Clay），后来她成为我的导师和经纪人。贾丝廷是第一位真正相信我作品的人，为我提供庇护，将我的插画集展示给曼哈顿顶级的创意工作者。

我职业生涯的重大转折点是接到一个令人激动到几乎心跳停止的任务——坎达丝 · 布什内尔（Candace Bushnell）的出版商发来的，坎达丝希望我可以给《欲望都市》的封面画插图。这简直是一个完美的项目，它给了我更多的发展空间，让我的作品在纽约稳固立足，并且帮我实现了自儿时便有的成为时尚插画师的梦想。从那以后，我在纽约为很多知名品牌、时尚杂志和商场画过插画，包括蒂芙尼、纽约时装周、《时代周刊》、《名利场》、亨利 · 本德尔、伊丽莎白 · 雅顿、布卢明代尔百货，还有波道夫 · 古德曼百货。我甚至还获得了为米歇尔 · 奥巴马画肖像的殊荣。

如今，我的工作把我带到了全球各地，在不同的国家和地区之间穿梭，做着令人兴奋的事，小到为一张邮票大小的东西画插画，大到为整座大楼画图。但我每天都和曼哈顿的客户们保持联络，我的心也一直属于纽约。

这是一份纽约吃喝游购清单，囊括了声名显赫之处和我的私享之地。比如在哪儿能买到超棒的外带咖啡，或是在哪儿能买到迷人的高跟鞋。每次来，我都可以发现更多可看可做的事情。纽约总能不断激发我、启发我，让我为之着迷。我一开始爱上的是纽约的街道，但让我一直流连于此的，则是时尚。

路易威登的背包

Louis Vuitton Bag

蒂芙尼的旅行钱包

Tiffany Travel Wallet

巨大的素描本

Large Sketch Book

旅行日记本

Travel Diary

丝绸围巾

Silk Scarf

精致的内衣

Fancy Lingerie

迪奥小姐手提包

Lady Dior

去纽约的必带之物

圣罗兰的晚宴鞋

Ysl Shoes For Night

白天穿的香奈儿平底鞋

Chanel Flats For Day

最爱的香水

Favorite Scent

从早用到晚的口红

Lipstick Day And Night

手表

Watch

小黑裙

Lbd

引人注目的项链

Statement Necklace

华丽的耳环

Killer Earrings

香奈儿背包

Chanel Bag

5 AV
ONE WAY
ONE
DONT WALK
HENRI BENDEL
NEW YORK
DVF
DIANE von FURSTENBERG
NYC TAXI

MARC JACOBS
TIFFANY & CO.
5TH AVENUE
ONE WAY
NEW YORK
FASHION WEEK
NYC TAXI

去纽约的最爱穿搭

去上城区购物
Shopping Uptown

参加画廊开幕
Gallery Opening

参加大都会艺术博物馆慈善晚宴
Met Gala

参加鸡尾酒会和晚宴
Cocktails And Dinner

去下城区购物
Shopping Downtown

去见安娜·温图尔
Meeting Anna Wintour

01

Do/ Play

游走在纽约

Central Park
中央公园

在上西区和上东区之间，占地超过 3 平方千米的中央公园是曼哈顿的中心。公园夏天和冬天呈现出完全不同的样貌，它是市中心的乐园，是散步和观看人潮的最佳地点。春天可以在樱花中徜徉，夏天可以来优雅地野餐，冬天可以来挑战溜冰场。中央公园也是纽约非常受欢迎的电影取景地之一，为许多电影提供了背景，比如《当哈利遇到莎莉》、《曼哈顿》和《魔法奇缘》。

Mo
MA

Museum of Modern Art/MoMA
现代艺术博物馆

中城区，西 53 街 11 号

现代艺术博物馆是一家杰出的现当代艺术博物馆，无论是艺术爱好者、建筑迷，还是普通游客，这里都是必去之地，每年都有数以百万计的访问者。2002—2004 年，这座位于中城区的美丽建筑经历了短暂的关闭，由谷口吉生（Yoshio Tanigushi）牵头，进行了一次激动人心的空间改造。现代艺术博物馆拥有一些世界级艺术藏品，包括理查德·阿维顿（Richard Avedon）的一套激发灵感的时尚摄影作品。现代艺术博物馆对于时尚的贡献则来自它在纽约主办的一些盛大的派对，比如一年一度的花园派对，来宾包括安娜·温图尔、凯特·布兰切特（Cate Blanchett）、杰夫·昆斯（Jeff Koons）、坎耶·维斯特（Kanye West）等等。

Guggenheim

古根海姆博物馆

上东区，第五大道 1071 号

由实力雄厚的古根海姆家族建造的古根海姆博物馆是游客来纽约的必访之地。光是它环形的极具太空感的大楼都值得一看。出自建筑师弗兰克·劳埃德·赖特（Frank Lloyd Wright）之手的古根海姆博物馆内外兼修，收藏了大量当代艺术品，包括令人印象深刻的时尚摄影作品。我喜欢在这座环形的博物馆内游荡，同时想象着佩姬·古根海姆（Peggy Guggenheim）这位以前卫风格著称的著名收藏家的样子。如今，每年的古根海姆国际艺术节给大楼带来了活力。那些富有魅力的活动，吸引了时尚界和电影界的一线名人前来出席。

New York Public Library

纽约公共图书馆

中城区，第五大道和 42 街的交叉口

若想从曼哈顿的钢筋森林里逃离，那就来纽约公共图书馆吧，它是这座城市里的一片文化“乐土”。这个免费的图书馆既是纽约的标志性建筑，也是一个社交场所。入口处有两座狮子雕像。图书馆的大理石大厅令人惊叹，《欲望都市》里第一场婚礼在此举办。除了一系列好书，图书馆里到处充斥着艺术气息，比如哥特斯曼厅里最新的展览，或者宏伟的玫瑰主阅览室里令人着迷的天花板。这里甚至还有一间装饰精美的公共目录室，是为了向图书馆长期的捐献人、纽约时尚设计师比尔·布拉斯（Bill Blass）致敬而建的。

FASHION
HISTORY

Uptown

上城区

公园大道、麦迪逊大道、第五大道

上城区连接了上西区、中央公园和上东区，穿过了曼哈顿岛的北半边，被看作纽约的“上流圈”。这里聚集了纽约部分豪华的居所、高档的餐厅，比如巴斯克饭店（La Côte Basque）。在上东区，中央公园边上的街道——第五大道、麦迪逊大道和公园大道，两旁都是奢华精品店和纽约引以为傲的文化场所。中央公园对面的上西区则是另一番活动场景，聚集着许多剧院和音乐场馆。

Elizabeth Arden Red Door Spa

伊丽莎白·雅顿红门水疗馆

联合广场，公园大道南 200 号

已建立“全球美容帝国”的伊丽莎白·雅顿，在1910年开了自己的第一家红门水疗馆。店如其名，水疗馆内是一片火红色的装饰。这个频繁出现在该品牌的美容产品上的颜色，源自其招牌口红——雅顿主要的美妆产品。联合广场这栋奢侈的两层楼建筑颇有纽约联排别墅怀旧的风格，是你出席重要场合前进行保养和享受的完美之选。或者，仅仅是为了犒劳自己，也可以去这里做一套面部保养或者按摩。

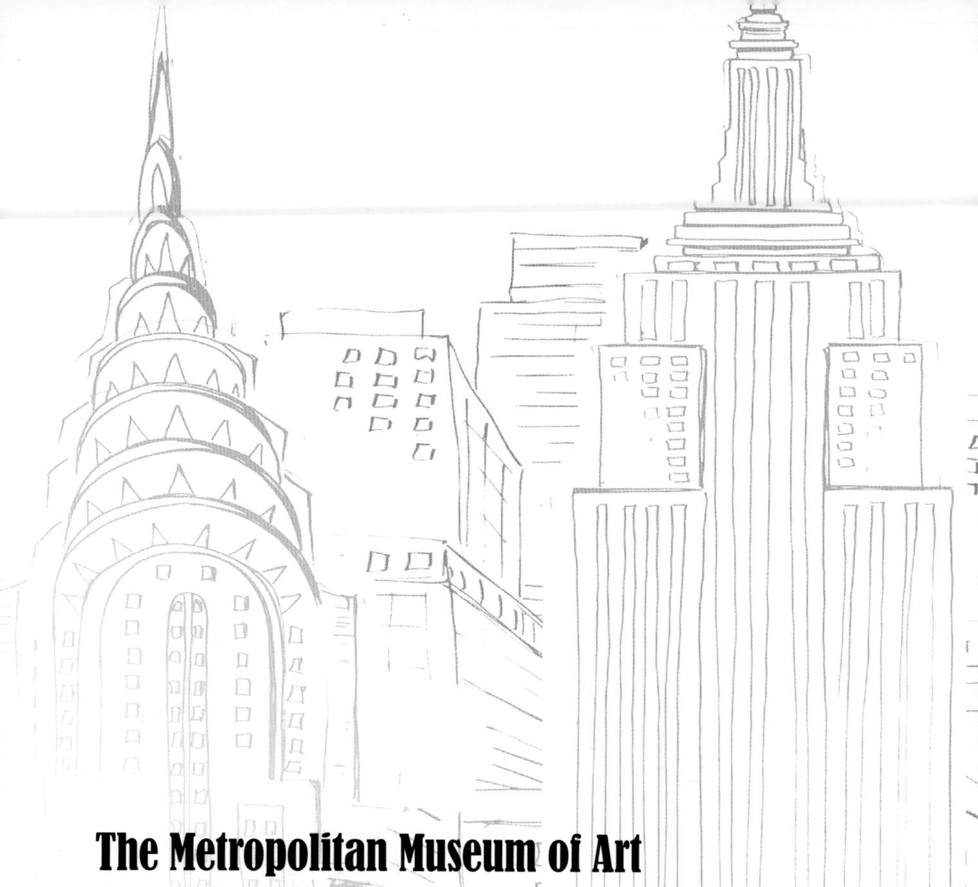

The Metropolitan Museum of Art

大都会艺术博物馆

上东区，第五大道 1000 号

1973 年，有着传奇色彩的时尚编辑兼监制戴安娜·弗里兰加入了大都会艺术博物馆的服装学院，此后，博物馆被改造成了一流的时尚机构。如今，除了有珍贵的馆藏文物诸如装饰艺术品和服装外，博物馆还会举办很多时尚展览：亚历山大·麦昆 2011 年的“野性之美”展览，该展览打破了访客人数的纪录，为时装在艺术殿堂中占有一席之地铺开了道路；由安娜·温图尔领衔策划的大都会艺术博物馆慈善舞会（一年一度的慈善募捐会及纽约最重要的时尚聚会）的举办，标志着大都会艺术博物馆服装学院的时装展开幕，在接下来的一年里，将展示“艺术品中的时尚”，意在从馆藏的艺术品中回顾时装的历史。

CELINE

The Met Gala
大都会艺术博物馆慈善舞会
上东区，第五大道 1000 号

每年 5 月，由大都会艺术博物馆服装学院主办的慈善舞会，是纽约时尚界的“特别之夜”。来宾“星光璀璨”，有最热门的设计师、模特和好莱坞演员。活动期间，社交网站几乎濒临瘫痪。无论是 2008 年超级英雄主题时娜奥米·沃茨（Naomi Watts）穿的玛丽莲·梦露风，还是 2015 年“中国：镜花水月”主题时莎拉·杰西卡·帕克（Sarah Jessica Parker）火热的头饰，舞会上的服装和饰品都非常引人注目。想参加舞会，你需要托人情或者想办法蒙混过关才行，你也可以在家里舒适的扶手椅上通过社交网络一睹它的五光十色。

The Museum at FIT

纽约时装技术学院博物馆

切尔西区，第七大道与 27 街的交叉口

纽约时装技术学院博物馆位于纽约时装区的外围。这里，布料商和服装商在仓库和工厂里忙碌。对时尚人士而言，这里是必访之地。馆内突破边界的时装展览总是能给我带来惊喜和灵感，也让我有机会近距离接触馆藏中约翰·加利亚诺、亚历山大·麦昆、蒂埃里·穆勒、维维安·韦斯特伍德还有其他设计师的极富魅力的作品。同时，在极负盛名的设计学院的各个角落，想要在时尚圈占有一席之地的人们在辛勤地工作着。

The Museum at FIT

The Museum at FIT

Fashion Week

时装周

纽约的不同地点

一年两次的纽约时装周将时尚界人士吸引过来，见证天才设计师们的创意成果。不管我是在描绘像黛安·冯芙丝汀宝这样的秀场砥柱之作，还是马克·雅可布的天才之作，描绘时装周的景象都是激动人心的。时装周期间，整个城市热闹非凡，所以要确保在两场秀中间给自己消化和吸收的时间。

Vogue Offices

《时尚》杂志办公室

曼哈顿下城，世贸中心 1 号

纽约的《时尚》(*Vogue*)杂志办公室是一个备受敬重的地方，对于那些梦想着进入时尚界工作的人来说，能在这里工作简直是美梦成真。时尚界极具影响力的人物——安娜·温图尔和格蕾丝·科丁顿(Grace Coddington)的办公室所在地，原本位于时代广场，现在迁到了曼哈顿下城金融区的世贸中心 1 号。电影《穿普拉达的女王》神化了这个地方，这里有名声在外的衣服和配饰柜，有梦幻般一排又一排的设计师款鞋子。站在这栋大楼底下时，我常常会想象杂志团队工作的场景，想象他们如何把设计师最新的创作神奇地搭出各种整体造型。

VOGUE

Times Square

时代广场

中城区，时代广场

喧嚣拥挤的时代广场是纽约著名的标志性街区。无论是从空中俯瞰到的巨大广告牌，还是街上遍布的连锁店，从很多层面来说，时代广场都是纽约的中心，它连接了中城区、上东区和上西区。在时代广场上伫立永远都给我一种身处未来的感觉。这是纽约极受欢迎的景点之一。对我而言，去百老汇看演出前看着这里挤满黄色的士，没有哪个时候比这一刻更让我觉得自己身处纽约了。

RICOH
HENRI
NEW YORK
POLO
RALPH LAUREN
TOM FORD

Chrysler Building

克莱斯勒大楼

中城区，莱克星顿大道 405 号

闪亮的“曼哈顿天际线”是这座城市极受推崇的一处景象，许多举世闻名的建筑都在其中。位于莱克星顿大道 405 号的克莱斯勒大楼是装饰派艺术风格的杰作，它令人惊叹的轮廓是我一直以来灵感的源泉和赞叹的对象。这栋大楼由建筑师威廉·范·阿伦（William Van Alen）设计，建成于 1930 年——爵士时代的巅峰时期。这栋 77 层的华丽摩天大楼一度是世界上最高的大楼，直到 1931 年帝国大厦建成。到顶层的观景台去看看这座不可思议的城市吧！

Empire State Building
帝国大厦

中城区，第五大道 350 号

克莱斯勒大楼的“对手”——帝国大厦，在前者完工仅一年后竣工，是“曼哈顿岛天际线”上的又一颗宝石，同样是装饰派艺术风格的建筑的一块瑰宝。由施里夫 - 兰姆 - 哈蒙建筑设计所（Shreve, Lamb & Harmon Associate）设计的帝国大厦，在世界第一高楼的位置上称霸了 39 年。到它顶层的观景台上享受令人惊叹的景色吧！

Downtown

下城区

苏活区、切尔西区、肉库区、格林尼治村、诺利塔区

我喜欢通过探索苏活区的街道来融入这座城市。下城区曾是工人阶级的聚集地，现在是中产阶级聚集的优质社区。在这里，你会看到许多新潮的商店、画廊、酒吧甚至一些冷门佳店，也可能会遇到去往工作室途中的马克·雅可布，看到索朗热·诺尔斯在餐厅吃饭，或者在时装周期间碰到正在街拍的卡洛琳·伊萨。

Flower District

花区

切尔西区，西 28 街

（第六大道和第七大道之间）

在花区的鲜花中散步是不折不扣的纽约体验。安处于切尔西区西 28 街的那一排鲜花批发店和零售店，是纽约时装周期间寻找装饰的必去之地，也是设计师和时尚布景人士最爱逛之处。花匠拉奎尔·科维诺（Raquel Corvino）令人惊叹的

ISTRICT

28

花卉布置出现在无数次活动之中，包括玛丽 - 凯特·奥尔森（Mary-Kate Olsen）和阿什利·奥尔森（Ashley Olsen）姐妹的“THE ROW”秀场上以及这座城市热门活动的桌上。早点来和花卉商们讨价还价，或者在适宜的时间来闲逛吧，路过佛手柑甜品店（La Bergamote）时还可以吃一个可颂。

High Line

高线公园

切尔西区，肉库区

切尔西区的高线公园已经是肉库区的热门景点，更不用说公园里那绝佳的观景台。2 300 米长的悬空绿色走廊，于 2014 年全部完工，沿着一条隐蔽的纽约中央铁路线穿过了大半个区。许多设计师，比如黛安·冯芙丝汀宝，他们

可以从办公室俯瞰高线公园，所以在有业主希望拆除高线公园时，他们都努力争取将其保留下来，作为这座城市重要的一部分。高线公园里遍布植物和公共艺术，已成为潮人和街拍爱好者的常逛之地。夏天时，高线公园南端的斯泰达德酒店，其顶层的酒吧香浴是日落前后的好去处。

MANOLO BLAHNIK

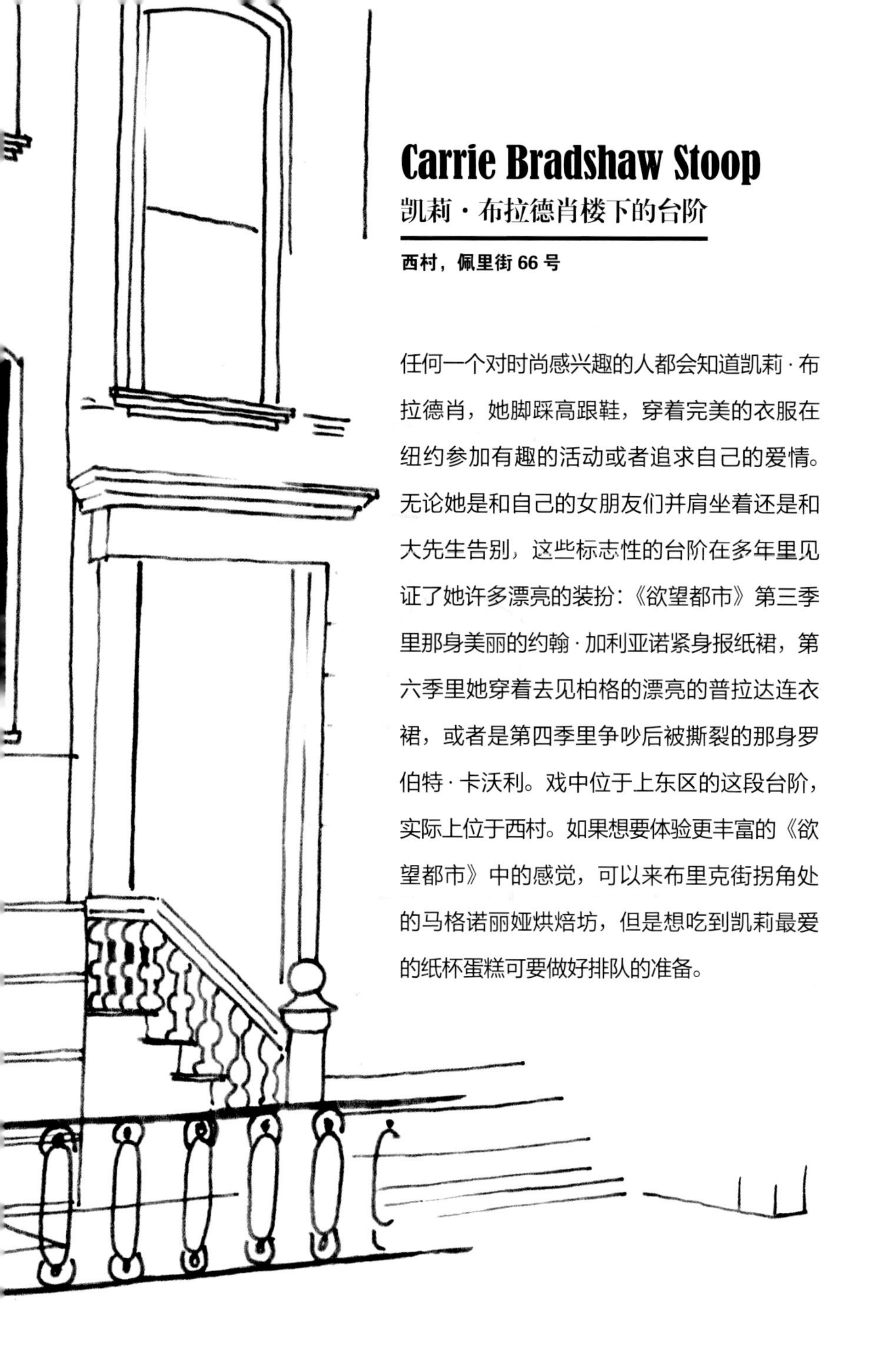

Carrie Bradshaw Stoop

凯莉·布拉德肖楼下的台阶

西村，佩里街 66 号

任何一个对时尚感兴趣的人都会知道凯莉·布拉德肖，她脚踩高跟鞋，穿着完美的衣服在纽约参加有趣的活动或者追求自己的爱情。无论她是和自己的女朋友们并肩坐着还是和大先生告别，这些标志性的台阶在多年里见证了她许多漂亮的装扮：《欲望都市》第三季里那身美丽的约翰·加利亚诺紧身报纸裙，第六季里她穿着去见柏格的漂亮的普拉达连衣裙，或者是第四季里争吵后被撕裂的那身罗伯特·卡沃利。戏中位于上东区的这段台阶，实际上位于西村。如果想要体验更丰富的《欲望都市》中的感觉，可以来布里克街拐角处的马格诺丽娅烘焙坊，但是想吃到凯莉最爱的纸杯蛋糕可要做好排队的准备。

Artists Space
艺术家空间画廊

翠贝卡区，沃克街 55 号

如果要回顾所有当代艺术创作，我一定会把艺术家空间画廊加入我的纽约旅行计划中。1972 年由特勒迪·格拉斯（Trudie Grace）和欧文·桑德勒（Irving Sandler）创办的非营利性画廊至今仍是当代艺术研究机构和先锋艺术的展示平台。这里展出过一些赫赫有名的艺术家的作品，如辛蒂·雪曼

ARTISTS SPACE

(Cindy Sherman)、巴巴拉·克鲁格(Barbara Kruger)、杰夫·昆斯，如今它仍在举办着各类展览和活动，展示着另类的艺术创作。艺术家空间画廊是无目的闲逛和找寻一点儿灵感的绝佳场所。

Brooklyn Bridge Walk

布鲁克林大桥

从曼哈顿看布鲁克林大桥，总会点燃我心中浪漫的火花，让我想起法兰克·辛纳屈（Frank Sinatra）的《布鲁克林奇遇》，还有伍迪·艾伦的经典之作《曼哈顿》。于 1883 年竣工的布鲁克林大桥是一座横跨东河的混合梁斜拉桥，将曼哈顿岛与布鲁克林地区连接起来。无论白天还是夜晚，在桥上漫步，都可以欣赏到这座城市最美丽的天际线，这也是我极为喜欢的观赏这座城市的一种方式。

Movie Premiere

电影首映式

上西区，百老汇

RE

众所周知，纽约是许多电影界“大鳄”的居住地，但只有当曼哈顿的各大剧院为电影的首映式铺上红地毯时，纽约炙手可热的明星才会来到上西区公开露面。如果你有幸得到一张首映式的门票，不要去得太早，凑巧的话，你可能会和电影界的大腕一起走红地毯。

Broadway Show

百老汇演出

中城区，百老汇剧场区

在百老汇或者白色大道看表演是到纽约必做的事情。我喜欢在这条标志性街道的耀眼灯光里一边散步，一边遐想着 20 世纪 20 年代齐格菲歌舞团（Ziegfeld Follies）里同露易丝·布鲁克斯（Louise Brooks）及玛丽莲·米勒（Marilyn Miller）一起演出的时髦少女和夜总会的明星们。1969 年百老汇甚至推出了一场向可可·香奈儿致敬的演出，从而让这位设计师在舞台上得以不朽。穿着最新款香奈儿的凯瑟琳·赫本（Katharine Hepburn）在演出的最后一幕里展现了 1918 年到 1959 年间香奈儿的设计。现在，这片街区汇集了各种精彩的演出，这些演出吸引了很多游客前来。

02

Shop

购物在纽约

1923 年，巴尼 · 普莱斯曼（Barney Pressman）当掉了妻子的订婚戒指为创业融资，在曼哈顿开设了自己的第一间店铺。自此之后，巴尼斯百货一步步变成今天的高档百货商店。位于麦迪逊大道的旗舰店是引领纽约时尚前沿的重要力量，同时也把像乔治 · 阿玛尼这样的欧洲品牌介绍给了纽约人。这间百货商店是纽约

潮流人士的最爱。著名摄影师如尤尔根·泰勒（Juergen Teller）和布雷斯·韦伯（Brace Weber）破例为其拍摄宣传照，其和嘎嘎小姐（Lady Gaga）、达芙妮·吉尼斯（Daphne Guinness）的合作，且拥有精选的高档服装和新晋设计师，证明其依然是零售界的范本。

Chanel

香奈儿

苏活区，春天街 139 号

和中城区的旗舰店一样，香奈儿的苏活店同样给纽约带来了一丝法式高定风情。由建筑大师彼得·马里诺（Peter Marino）设计的这间精品店集中展现了香奈儿所有令人喜爱的特点和卡尔·拉格斐的迷人构思。香奈儿最具代表性的元素，诸如香奈儿花呢和黑白格纹都可以在这间更具亲和力的精品店里找到。

Bergdorf Goodman

波道夫·古德曼百货

中城区，第五大道 754 号

作为纽约游客的购物胜地，波道夫·古德曼百货是“波道夫金发女”的起源之地。这座 10 层楼的装饰派艺术风格的建筑犹如一个巨大的奢侈品宝库，从纽约本地的热门品牌如卡罗琳娜·海莱拉（Carolina Herrera）、纳西索·罗德里格斯（Narcisso Rodriguez）、塔玛拉·梅隆（Tamara Mellon）和德里克·兰姆（Derek Lam），到备受吹捧的舶来品牌如纪梵希、朗万、马诺洛·布拉赫尼

克（Manolo Blahnik）和凯卓。纪录片《时尚骨灰撒在波道夫》更是证实了波道夫·古德曼百货在设计师事业中的重要地位。除了欣赏让人赏心悦目的时装，还可以在 7 层的餐厅休息一下，欣赏中央公园的美景。其精美的内部装潢由凯丽·维尔斯特勒（Kelly Wearstler）设计，是你犒劳自己的完美去处。其中，我最爱的一道菜是龙虾沙拉。

Dior
Dior
Dior
Dior
Dior
Dior

一个巨大的迪奥小姐背包矗立在由建筑师彼得·马里诺设计翻新的纽约旗舰店外的脚手架上。这家位于中城区的分店囊括了包括美妆产品、配饰和刚刚走下秀场新鲜出炉的高级男女装在内的所有系列，吸引了大量拥趸。美轮美奂的内部装饰将别开生面的花卉图案和精致的古典细节结合，为曼哈顿岛增添了一份巴黎高定的雅致感。

Christian Dior

克里斯汀·迪奥

中城区，东57街21号

Bloomingdale's

布卢明代尔百货

中城区，59 街和莱克星顿大道，第三大道 1000 号

1872 年开业的布卢明代尔百货，是纽约历史悠久的百货商店，如今它仍是备受欢迎的购物地点。这栋占据了整个街区的装饰派艺术风格的建筑外挂了一排飘扬的旗子，最新的时尚服装、美妆产品和家居装饰均可以在这栋 9 层的楼中找到。其中，鞋履区是我的最爱，我也能理解为什么莎拉·杰西卡·帕克会在这里发布自己的鞋履品牌 SJP。2004 年，布卢明代尔百货又在苏活区开了一家门店。布卢明代尔标志性的棕色袋子在曼哈顿随处可见也不足为奇了。10 年前，我为布卢明代尔设计过一款购物袋，如今看到它仍然摆在架子上，我不禁露出微微的笑意。

Michael Kors

迈克·高仕

上东区，麦迪逊大道 667 号

出生于长岛的纽约“时尚之王”、《天桥骄子》的曾任主持人小卡尔·安德森，也就是迈克·高仕，1981 年于纽约时装技术学院成立了自己的高档运动品牌。现在，阔绰的高仕粉丝可以在上东区麦迪逊大道 667 号找到设计师的旗舰店，这里从成衣到时髦的皮具系列再到香水一应俱全，甚至还有前沿的新科技产品，如迈克·高仕的手表和移动装备，是爱好科技的时尚人士的完美配饰。

MICHAEL KORS
MICHAEL KORS

Louis Vuitton

路易威登

中城区，东 57 街 1 号

从 2004 年以来，路易威登旗舰店像画布一样的正面入口成为一个标志性的设计，展现出品牌与艺术家和设计师合作的成果。2012 年，在与草间弥生（Yayoi Kusama）的合作中，该店正面的装饰变成了迷幻的波点图。在 5 层楼的店内，品牌的粉丝们可以找到任何他们想要的东西，包括路易威登经典的传统压花行李箱，高端的秀场服装，以及最新的流行包袋。

TTON

Sakes Fifth Avenue

萨克斯第五大道百货

中城区，第五大道 611 号

自 1898 年起，萨克斯第五大道百货便为中城区的富足人士提供服务，从银行家到职业女性。玛丽莲·梦露曾是这里的常客，“猫王”埃尔维斯·普莱斯利的黑色皮夹克就是从这里买的，他穿着它如一阵风暴般席卷了摇滚界。现在，萨克斯第五大道百

货在美国和加拿大共有超过 50 家奥特莱斯店，但是它的旗舰店仍然是纽约人的购物天堂。满是设计师鞋履的 10022 号鞋靴沙龙位于 8 层，店里充满玻璃气泡，是高跟鞋狂热者的圣地，这里甚至有自己独立的邮编。

Vera Wang

王薇薇

上东区，麦迪逊大道 991 号

1990 年，参加过花样滑冰比赛、当过《时尚》杂志编辑的时装设计师王薇薇开设了自己的婚纱沙龙，出售美轮美奂的婚礼礼服——至今仍是她的招牌产品。王薇薇从此便在和婚礼有关的行业中打响了名气，包括礼服和婚礼注册仪式。麦迪逊大道 991 号的这间现代精品店里，迎接购物

者和准新娘们的是经典风格的梁柱和悬浮在空中的人体模型，还有设计师创造的优雅的家具、装饰品、晚礼服、成衣，以及典雅无比的新娘服饰。

Oscar de la Renta

奥斯卡·德拉伦塔

上东区，麦迪逊大道 772 号

在瞬息万变的时尚界，美国高定品牌奥斯卡·德拉伦塔始终如一地坚守着自己的理念。上东区精品店的浅粉色石头装饰的墙面，不仅是对设计师的多米尼加原籍的致敬，而且为他设计的华美衣裙提供了优雅的

背景。红地毯礼服，剪裁精良的鸡尾酒晚宴礼服，还有经典的成衣，都是德拉伦塔设计的经典产品，这些使他成为受如杰奎琳·肯尼迪和米歇尔·奥巴马这样的第一夫人，和像莎拉·杰西卡·帕克与安娜·温图尔这样的时尚界人士偏爱的设计师。

Jimmy Choo

周仰杰

上东区，麦迪逊大道 699 号

周仰杰是一个鞋履品牌。拥有像卡洛琳·伊萨、凯特·温斯莱特以及凯莉·布拉德肖这样的拥趸。该品牌尤其受时尚界和明星青睐。1996 年，品牌同名设计师和时尚创业人塔玛拉·梅隆成立了这一品牌。它原本的标志性产品是细高跟，但现在在蔡珊卓（Sandra Choi）的带领下，该品牌设计的鞋履可以适合各种各样的场合，甚至还有运动鞋。在周仰杰的上东区门店，买家可以找到走红地毯、参加婚礼或者在曼哈顿闲逛穿的鞋子。

5th Avenue
ONE WAY
JIMMY CHOO

Carolina Herrera

卡罗琳娜·海莱拉

上东区，麦迪逊大道 954 号

身为纽约著名设计师的卡罗琳娜·海莱拉忠于永不过时的美国风格，并以为好几位第一夫人设计过服装著称。受到“时尚女王”戴安娜·弗里兰的鼓励，美籍委内瑞拉人海莱拉于 1980 年开创了自己的品牌，从此踏入

了纽约时尚界的荣誉殿堂。上东区麦迪逊大道的精品旗舰店里，囊括了她经典的成衣系列和奢华的新娘服饰。

Henri Bendel

亨利·本德尔

中城区，第五大道 712 号

上城区人士爱炫耀的棕色条纹的亨利·本德尔购物袋，是高档购物消费的重要一环。用华丽的莱俪水晶装饰的正门使其成为第五大道上亮丽的风景。本德尔 1895 年把精品店开在了格林尼治村，而后于 1913 年将其迁到中城区。他是一个先锋，也是第

一个把可可·香奈儿品牌引进美国的人。亨利·本德尔不仅是我合作过多年的插画客户，而且它的精品店也是我在纽约寻找新配饰的首选之地。

Frédéric Fekkai

佛迪力·菲凯

中城区，第五大道 712 号 4 层

位于亨利·本德尔百货 4 层的佛迪力·菲凯美发沙龙旗舰店几乎可以作为定期来这里染发的上东区时髦女性的代名词。菲凯的客户通常想要“波道夫金发女”那样的造型，或者选择店里的独家护理。

frédéric
Fekkai

Tiffany and Co.

蒂芙尼

上东区，第五大道 727 号

还有什么能比电影《蒂凡尼的早餐》(1961 年改编自杜鲁门 · 卡波特的同名小说)中奥黛丽 · 赫本看着蒂芙尼橱窗的画面更“纽约”呢?手中拿着可颂,穿着纪梵希经典小黑裙,脖子上戴着珍珠项链,赫本的优雅无法超越。在第五大道上装饰派艺术风格的蒂芙尼门店里,你会看到极致的奢华。不过你最后可能会带着一个“蒂芙尼蓝”的小盒子走。

Tom Ford

汤姆·福特

上东区，麦迪逊大道 672 号

2004 年离开古驰并成立自己的同名品牌后，汤姆·福特的服务对象便一直是纽约最有型的人。位于麦迪逊大道的旗舰店是该品牌奢侈利落风格的典型，也体现了一个摩登男性想要的一切——

无论是丝绸睡衣，还是定制袖扣。参观一下向不同男装元素致敬的房间吧：从“衬衫间”到镜面装饰的八角形“香氛室”。这间精品店还可以提供高级西装定制服务，但可能会把你的钱包掏空：起价就要 5 000 美元（约人民币 34 000 元）。

Fivestory

五

上东区，东 69 街 18 号

“五”精品百货店里有极度漂亮的内部装修，即使只是来逛一下也是值得的。镶金边的镶板墙壁、极具雕塑感的大理石和华丽的天鹅绒家具使客人感觉身处画廊中，而非百货商店里。这间令人惊叹的概念店是时尚界的“宠儿”，由克莱尔·狄斯坦费（Claire Distenfeld）于 2012 年创办，汇聚了精心挑选过的设计师品牌，包括纳齐索·罗德里格斯、普罗恩萨·施罗（Proenza Schouler），还有吴季刚（Jason Wu），等等。随便转转，或者体验一次本店贴心的私人购物服务吧。

FIVESTORY
NEW YORK
FIVESTORY
NEW YORK

WEST BROADWAY
ONE WAY
DKNY
ONNA KARAN NEW YORK
NYC TAXI

DKNY

唐可娜儿

苏活区，西百老汇大道 420 号（已停止营业）

唐娜·凯伦（Donna Karan）的“7 件基本单品”——1985 年为纽约的职业女性和旅行女性设计的系列，已经成为美国时尚基因的一部分了。唐可娜儿现在是一个国际品牌，其摩登实用的设计仍然备受欢迎。纽约的门店吸引着老粉丝还有更为年轻和都市化的顾客光临。

Manolo Blahnik

马诺洛·布拉赫尼克

中城区，西 54 街 31 号

作为《欲望都市》里凯莉·布拉德肖的爱鞋，马诺洛可以和任何纽约装束搭配。出生于西班牙、成长于英国的设计师马诺洛·布拉赫尼克在高档鞋履圈是一个重要的人物。设计师的追随者来到中城区这一同名品牌店，可以找到自己想要的东西——无论是一双迷人的露趾凉鞋、一双天鹅绒露跟鞋，还是一双施华洛世奇水晶装饰的细高跟。马诺洛位于西 54 街的低调店面是纽约极为漂亮的鞋履精品店之一，放在台座上的鞋子像是可以穿在脚上的艺术品一样。

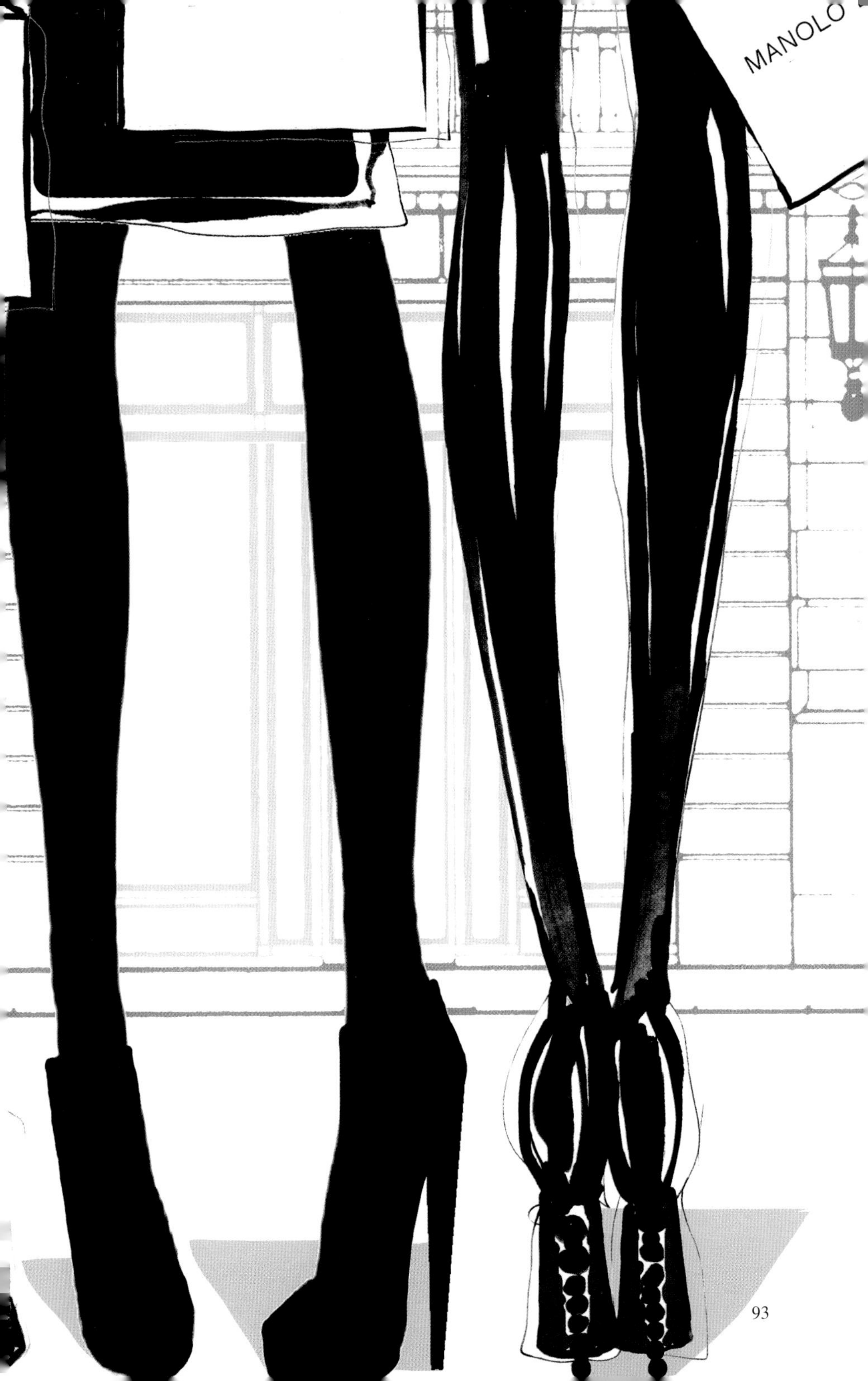
MANOLO

Ralph Lauren
拉尔夫·劳伦

上东区，麦迪逊大道 888 号（女装）、867 号（男装）

自从 1967 年开店以来，无论是运动风还是乡村风，拉尔夫·劳伦一直是经典美国风格的领头人。已经成为国际品牌的拉尔夫·劳伦，在纽约的旗舰店位于麦迪逊大道上。女装在 888 号，这栋

4 层的楼里挂满了劳伦的经典女装。店里雅致的镶金边陶器、长绒沙发还有打猎图，装点着带有经典马球商标的服饰。

Jeffrey New York

杰弗里纽约买手店

肉库区，西 14 街 449 号

纽约的时尚界人士成群结队地跑来杰弗里买手店。这家精品买手店汇聚了精心挑选的高端时尚品牌产品，包括欧洲品牌德赖斯·范诺顿（Dries Van Noten）、赛琳、马诺洛·布拉赫尼克，纽约本土的普罗恩萨·施罗、凯卓和亚历山大·王（Alexander Wang）等。门店处于切尔西区肉库区的画廊群里，尽管纽约零售

业形势多变，但它仍旧屹立不倒。除了新鲜出炉的秀场款服装外，杰弗里的鞋靴也值得一看。

Bond No.9

邦9号

苏活区，布里克街399号

Bond no.9
NEW YORK

无论你喜欢的是翠绿色的施华洛世奇的涂层，还是安迪·沃霍尔作品的印花，邦9号招牌的香水瓶都能吸引你的目光。他们的当季产品和特别款会向纽约致敬，比如取名“布里克街施华洛世奇”或者“邦9号哈德森园区”。在布里克街的精致店面里，这家独特的香水品牌的时尚体现在每个细节中，并在天花板上粉色的水晶吊灯中达到极致。

Aedes

阿德斯

西村，格林尼治大道 7 号

走进阿德斯店里，顾客们就像到了《四千金的情人》中的美容集市一样。这家备受欢迎的香水店里汇集了一系列精选的高端品牌香水，还有家居香氛、蜡烛和美体产品。此品牌已跻身纽约精品香水品牌行列。每个阿德斯的香水瓶都以品牌标志性的金色瓶口呈现。

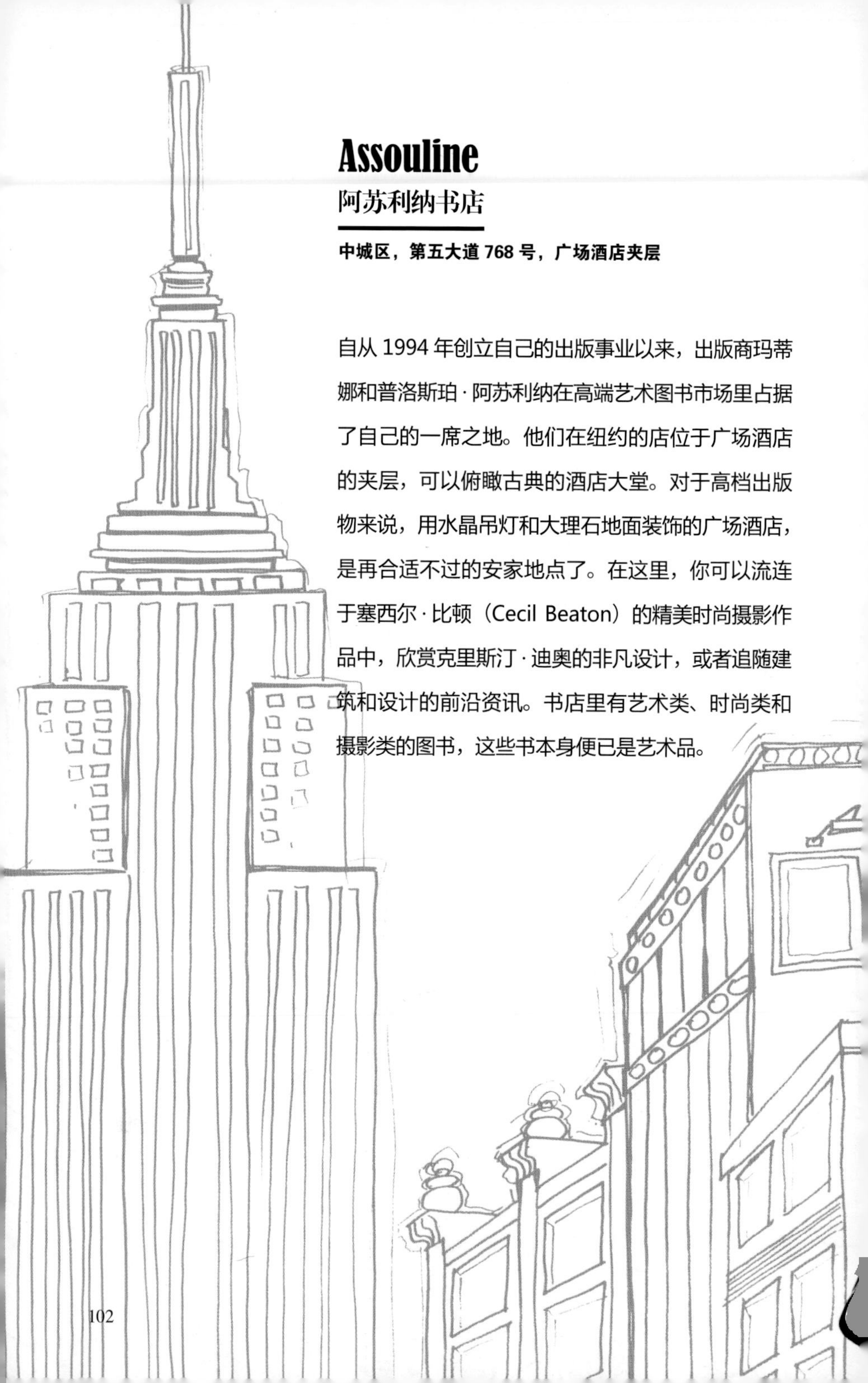

Assouline

阿苏利纳书店

中城区，第五大道 768 号，广场酒店夹层

自从 1994 年创立自己的出版事业以来，出版商玛蒂娜和普洛斯珀·阿苏利纳在高端艺术图书市场里占据了自己的一席之地。他们在纽约的店位于广场酒店的夹层，可以俯瞰古典的酒店大堂。对于高档出版物来说，用水晶吊灯和大理石地面装饰的广场酒店，是再合适不过的安家地点了。在这里，你可以流连于塞西尔·比顿（Cecil Beaton）的精美时尚摄影作品中，欣赏克里斯汀·迪奥的非凡设计，或者追随建筑和设计的前沿资讯。书店里有艺术类、时尚类和摄影类的图书，这些书本身便已是艺术品。

Dior
ASSOULINE
Dior

Rizzoli

里佐利书店

诺玛区，百老汇大道 1133 号

对艺术和时尚爱好者而言，里佐利是一个绕不过去的名字，他打造了史上许多极为豪华的书籍。百老汇诺玛区新开的旗舰店里有关于艺术、时尚和家居装饰的精美读物。这间店位于 1896

年建成的杰姆斯艺术学院

的一层，书店挑高的天花板

和怪诞的弗纳塞提墙纸营造出一种恢宏的神话感。巨大的木制书架上摆着精美的插画集和最新的杂志。这间书店是真正意义上的出版物的殿堂。

Marc Jacobs

马克·雅可布

苏活区，王子街 113 号

纽约的“时尚之王”马克·雅可布，选择了王子街 113 号作为给粉丝提供最新设计的地点。在他数十年的职业生涯中，叛逆、大胆而又时髦的设计使他一直处于潮流的风口浪尖。这间位于苏活区的店面也不例外，从最新的服饰系列到戏谑幽默的手机壳，店里应有尽有。设计师在西村布里克街还有一间漂亮的马克书店，别忘了去这里看看，里面摆满了精美的艺术出版物。

MARC JACOBS

Diane von Furstenberg

黛安·冯芙丝汀宝

肉库区，华盛顿街 874 号

黛安·冯芙丝汀宝是纽约时尚的“发电机”，1972 年和艾贡·冯芙丝汀宝王子离婚后，她推出了著名的裹身裙并大获成功，自此之后一直为纽约和各地的时尚女性设计时装。色彩斑斓的布料和标志性的印花是她的招牌。新设的工作室总部和精品店俯瞰着曼哈顿肉库区的高线公园，是品牌王冠上的又一颗明珠。这座被称为“空中的钻石”的耀眼大楼，2007 年由 WORKac 建筑事务所设计，穹顶由切割玻璃构成，以精致的施华洛世奇水晶装饰，且带有纯粹的黛安印记——纽约嬉皮风格。

Anna Sui

安娜·苏

苏活区，布隆街 484 号

从未吝啬使用颜色和花纹的安娜·苏以其怪诞又富于装饰感的风格，让进店的购物者仿佛来到了一个奇妙的高端二手店。20 世纪 80 年代初建立了自己的品牌之后，这位出生于底特律、扎根纽约的设计师展现着源源不断的设计灵感，从复古风、波希米亚风、摇滚

风到维多利亚风和跟她的中国血统有关的华丽装饰艺术风，都可以在苏活区新开的旗舰店中看到。墙壁被涂成苏的标志性的淡紫色，挂满了 20 世纪六七十年代的音乐海报和几何图形，店里摆放着许多独一无二的装饰品，展现了设计师迷人的幽默感。

MoMA Design Store

现代艺术博物馆设计品商店

苏活区，春天街 81 号

无论是本地人还是游客，现代艺术博物馆的设计品商店是寻找完美礼物的最佳去处。这里有精选过的设计师家具、传统的家居用品，也有独具创意的合作款，还有博物馆馆藏的印刷品，能满足你对这座顶级的艺术设计殿堂的期望。这座两层的楼里既有重量级人物如阿尔瓦·阿尔托（Alvar Aalto）、马里奥·贝利尼（Mario Bellini）、查尔斯和蕾·伊姆斯夫妇（Charles and Ray Eames）的作品，也有像海（HAY）、莫瑞吉奥·卡特兰（Maurizio Cattelan）和佩奇·古尔里克（Page Goolrick）这样的新晋设计师的作品，是艺术设计品的聚集地。它所处的区域已经使它成为艺术和设计的代名词。这里是我给朋友挑选纪念品最爱去的地方。

Bookmarc

马克书店

西村，布里克街 400 号

拒绝一成不变的马克·雅可布在时尚界之外，与艺术家、设计师和电影人开展激动人心的跨界合作。这样看来，他涉足图书市场，在西村开设精品书店——马克书店也就不足为奇了。从特别版、摄影集到令人难

以抗拒的时尚专著，这家书店是纽约独具魅力的时尚类书店之一。备受爱戴的时尚编辑格蕾丝·柯丁顿再版《时尚杂志三十年》时，在马克书店举办了签售会。这家书店平时经常举办各种活动。

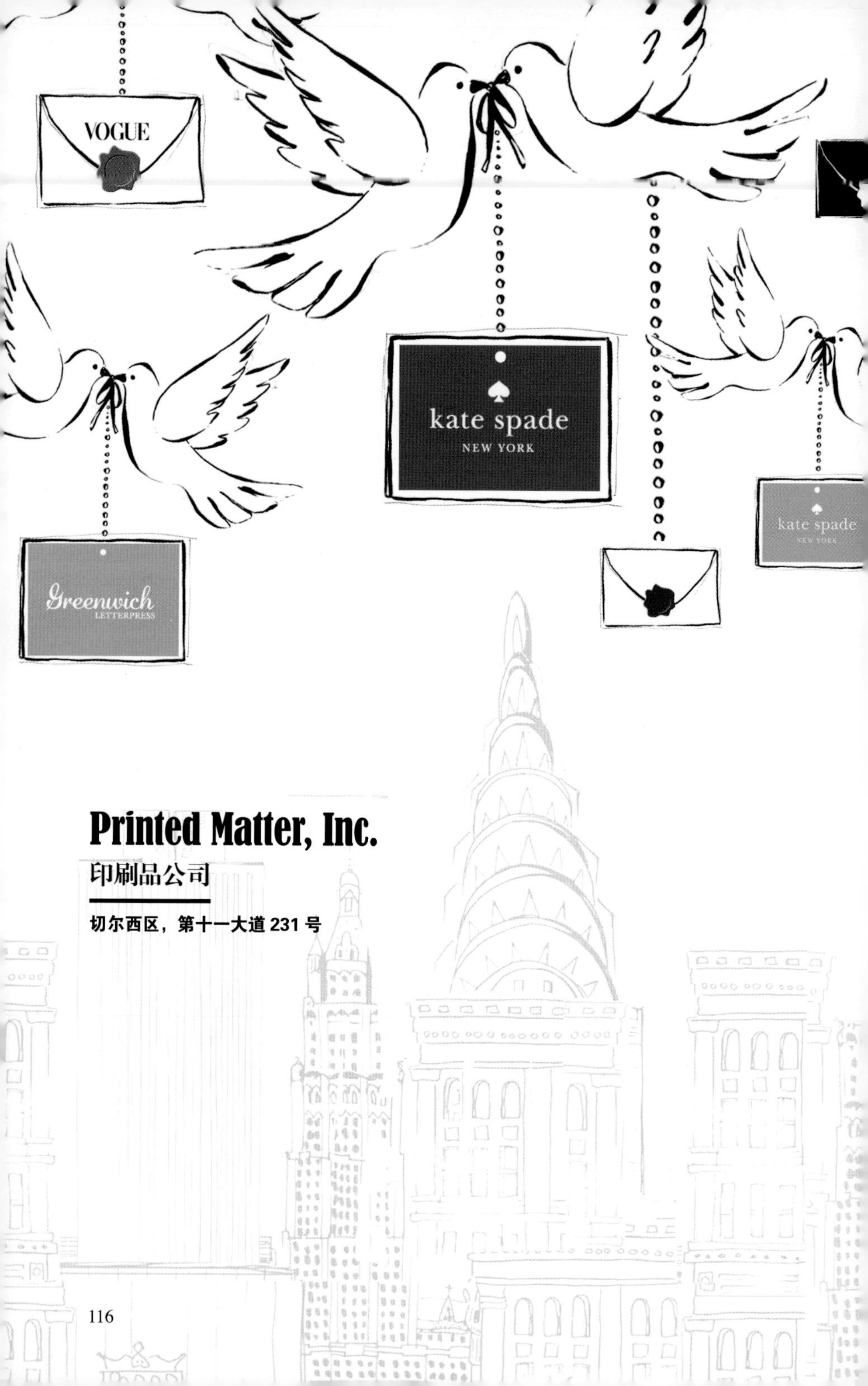

Printed Matter, Inc.

印刷品公司

切尔西区，第十一大道 231 号

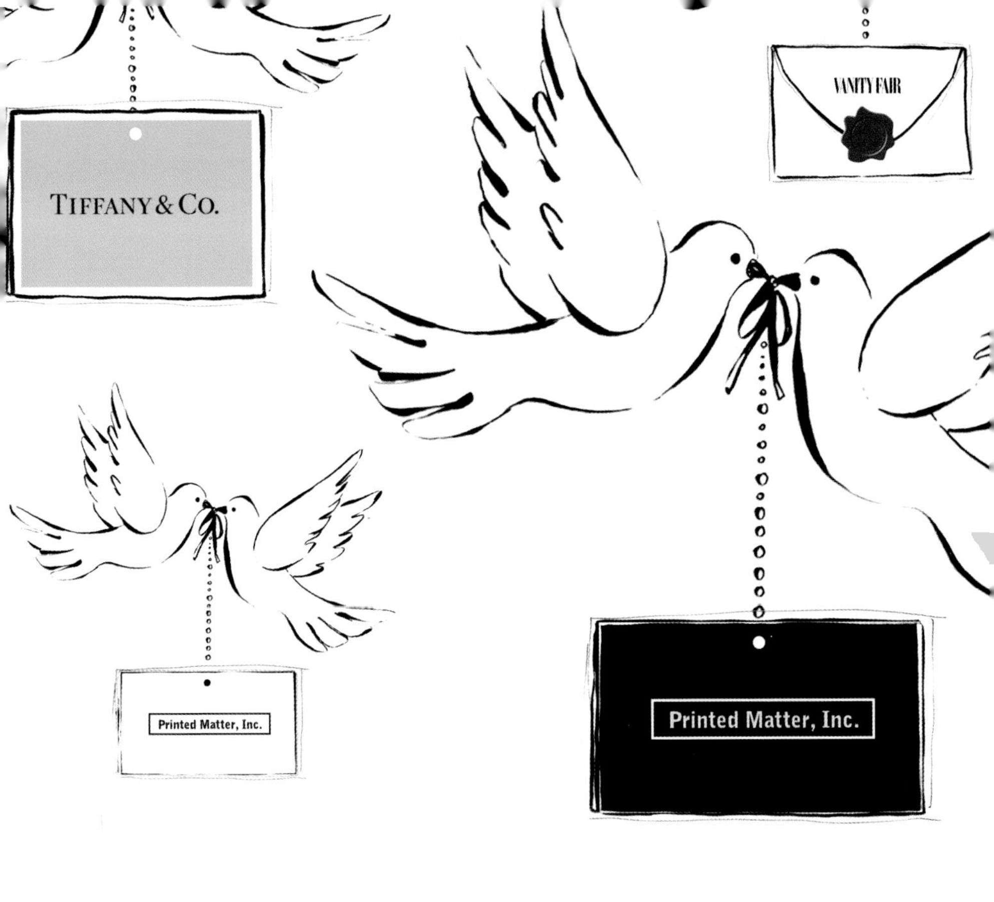

1976 年开业后，印刷品公司便成为独立出版界的一座灯塔。这家由卡尔·安德烈（Carl Andre）、索尔·勒维特（Sol LeWitt）和露西·利帕德（Lucy Lippard）这些纽约先锋艺术家创办的机构致力于收藏各种样式的印刷品，包括艺术图书、地下艺术家杂志和最新的独立杂志。这间藏书逾 15 000 册的书店是灵感源泉，你可以在稀有图书区浏览珍妮·霍尔泽（Jenny Holzer）、小野洋子（Yoko Ono）和辛蒂·雪曼的著作，或者在精选展览区欣赏新晋艺术家的作品。

French Sole fs/ny

法式平底鞋

上东区，莱克星顿大道 985 号

当纽约人需要脱掉高跟鞋换上平底鞋的时候，法式平底鞋品牌是很多人的最爱，包括奥利维亚·巴勒莫（Olivia Palermo）和辛迪·克劳馥（Cindy Crawford）这样的时尚弄潮儿。这家店的鞋款样式令人眼花缭

乱，从露脚趾款，到经典的“英格丽”款，甚至还有软木款。所有的鞋均在法国的品牌工厂制作。当你走累了时，这家莱克星顿大道上的门店是一个极佳的去处。如果在店里找不到心仪的那双，马路对面就是其奥特莱斯店，在那里你也许会发现自己想要的鞋子。

Proenza Schouler

普罗恩萨·施罗

上东区，麦迪逊大道 822 号

2002 年巴尼斯百货买下了杰克·麦科洛（Jack McCollough）和拉萨罗·埃尔南德斯（Lazaro Hernandez）全套的帕森斯毕业设计。自此之后，两位设计师和他们的品牌普罗恩萨·施罗便成了纽约时尚界的“宠儿”。不同寻常、细节满满的概念剪裁和迷幻的印花使得该品牌一直处于时尚界的尖端。上东区的专卖店和设计师一样时髦，完美地体现了他们将艺术与时尚碰撞的美学理念。该店由建

筑师戴维·阿加耶设计，进门后由一个摆满鞋履和包袋的木板隧道通向一个新旧融合的空间。

Opening Ceremony

开幕式

苏活区，霍华德街 33 号（女装）、35 号（男装）

2002 年，街头的酷小孩温贝托 · 梁（Humberto Leon）和卡罗尔 · 李（Carol Lim）创办了自己的时装品牌——开幕式。该品牌先席卷了纽约，紧接着占领了世界潮人圈。前沿的合作款、敏捷的商业思维和名人客户让梁和李成为一支不可战胜的队伍。除了洛杉矶店和东京店，该品牌位于苏活区的男女装旗舰店里囊括了全球热门的设计师服装，比如凯卓、亚历山大 · 王、罗达特（Rodarte）、帕特里克 · 厄维尔（Patrik Ervell）和普罗恩萨 · 施罗。

ONE WAY
OPENING
CEREMONY
Est. 2002

Alexander Wang

亚历山大·王

苏活区，格兰街 103 号

亚历山大·王位于格兰街的精品店将模特下班后的着装风格延伸出高级的时尚酷感。白色大理石和黑色皮革装饰的店中，黑色貂皮吊床吸引着顾客的目光。店里有设计师极受欢迎的单品——张扬的皮夹克、低调的印花、剪裁完美的基本款和令人神往的靴子。但是最夺人眼球的是门口的可旋转的铁笼子展示区，里面有该品牌的最新系列。精品店的独特风格使亚历山大·王在高端时尚品牌林立的下城区占有一席之地。

ALEXANDER WANG

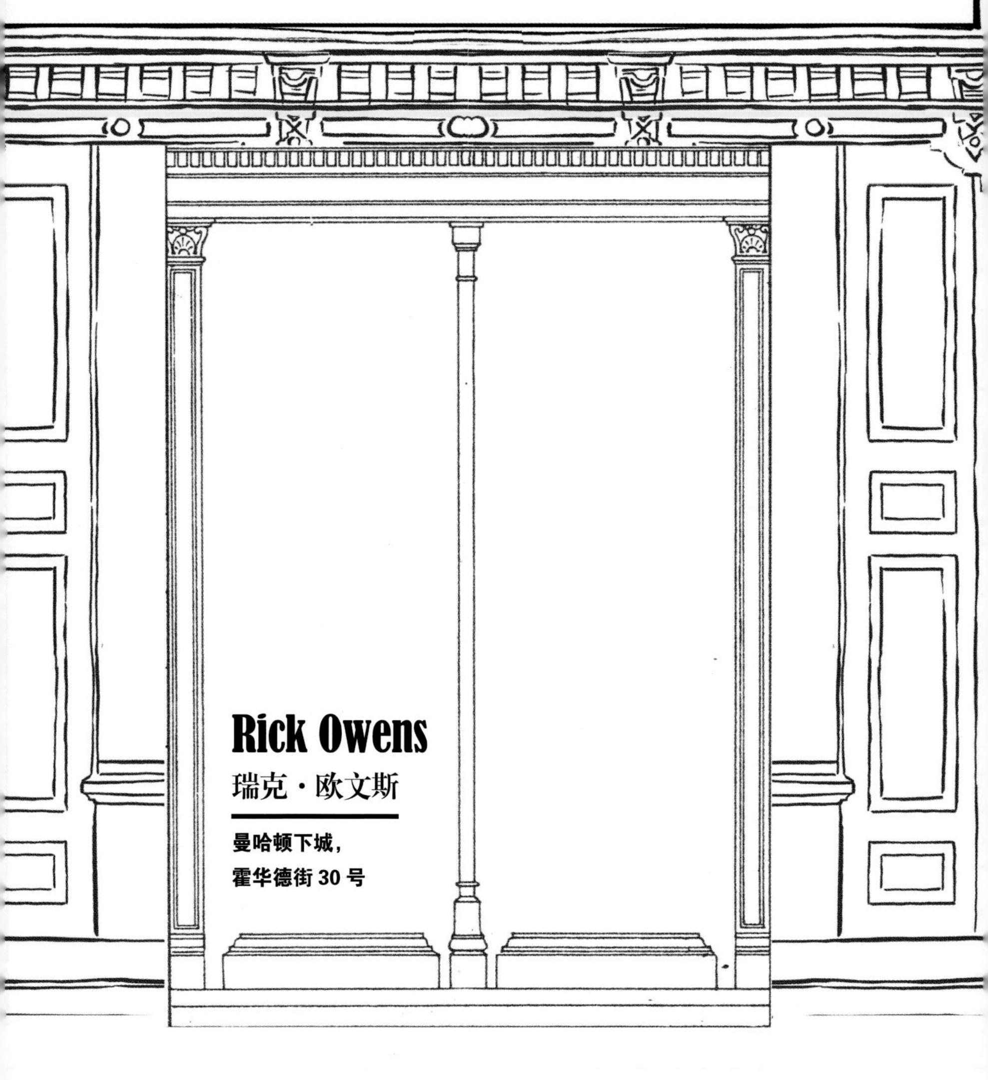

来自加州、现在扎根巴黎的瑞克·欧文斯和他的制衣搭档米歇尔·拉米，一直在用创新大胆的先锋设计探索着时尚的边界，但是该品牌内在的优雅，从其位于霍华德街的漂亮门店中仍然可见一斑。而店内昏暗的色调、高高的白色墙壁、水泥地面和石英岩座椅，共同展示了品牌稳重的特性。瑞克·欧文斯的主打——夸张的基本款、堪称完美的布料和茧型皮夹克，摆满了店里摩登又空旷的空间。

HUDSON
ONE WAY
Rick Owens
Owens

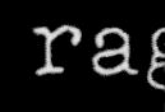

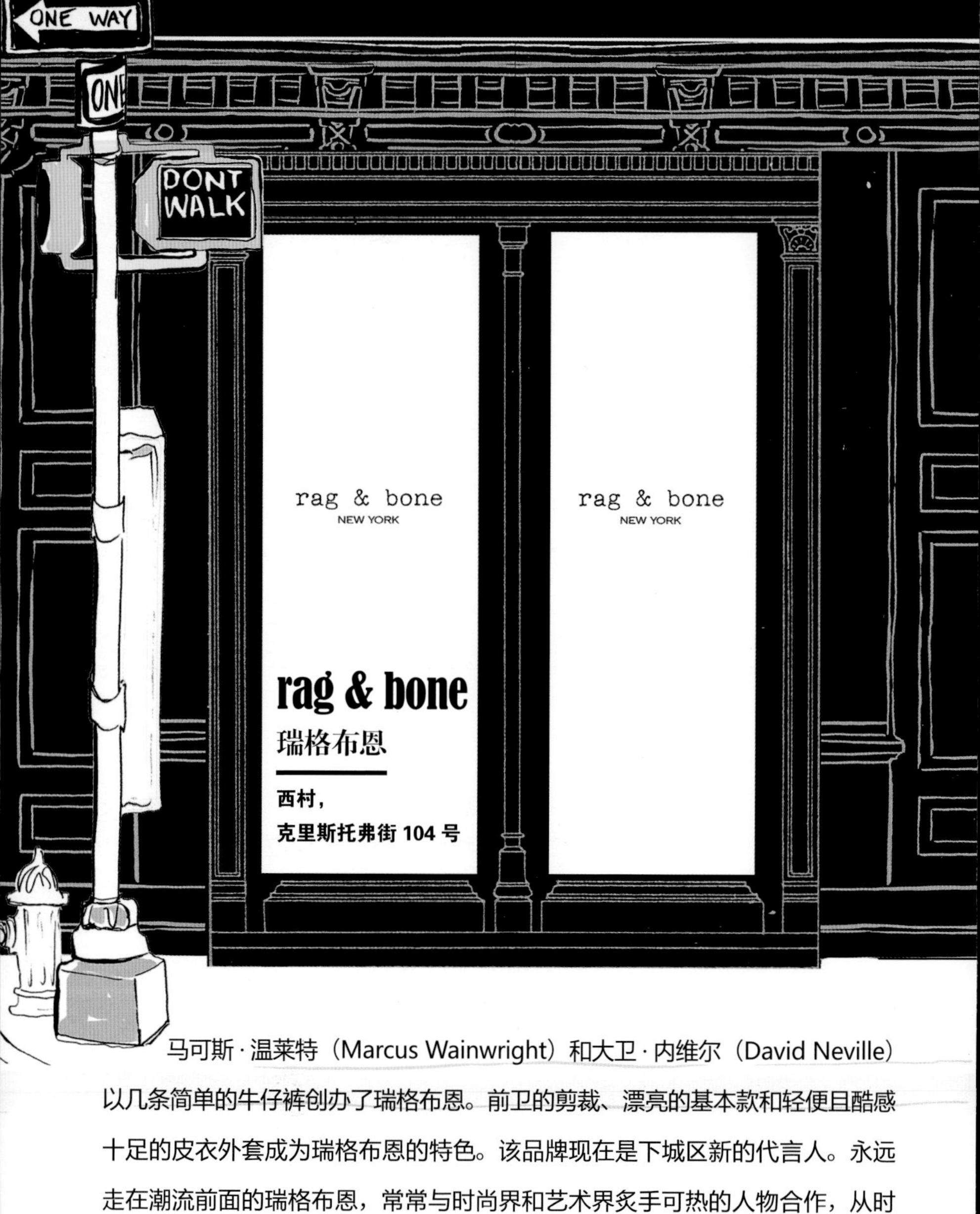

rag & bone
瑞格布恩

西村，
克里斯托弗街 104 号

马可斯·温莱特（Marcus Wainwright）和大卫·内维尔（David Neville）以几条简单的牛仔裤创办了瑞格布恩。前卫的剪裁、漂亮的基本款和轻便且酷感十足的皮衣外套成为瑞格布恩的特色。该品牌现在是下城区新的代言人。永远走在潮流前面的瑞格布恩，常常与时尚界和艺术界炙手可热的人物合作，从时装摄影师格伦·卢琦福德（Glen Luchford）到街头艺术家鲁宾（Rubin）等等。2008 年开业的西村专卖店采用了复古的工业风格：裸露在外的砖墙、焊接起来的管道和工厂风格的灯罩等。店内挂满该品牌的男装和女装。

one
CHRISTOPHER
rag & bone
g & bone
NEW YORK
ONE WAY
rag & bone
NEW YORK

Jonathan Adler

乔纳森·阿德勒

中城区，莱克星顿大道 715 号

1993 年在巴尼斯百货发布了自己的第一个陶瓷系列后，陶瓷艺术家兼室内设计大师乔纳森·阿德勒的事业步步高升。1998 年，他开在莱克星顿大道 715 号的旗舰店有充满魅力的灯具系列、家具和家居纺织品，这些产品体现出独特的设计感：色彩斑斓、时尚且常常不拘一格。阿德勒不是在忙着制作有趣的饼干罐或者怪诞的动物摆件，就是在设计桌前享受着名人的身份，或者是在写书。从他的著作《我的抗抑郁生活处方》中可以看出设计师的幽默感。

Chelsea Flea Market

切尔西区复古集市

切尔西区，第六大道与百老汇西 25 街之间

切尔西区复古集市是当地人和游客的最爱，从高线公园下来后，它是最好的歇脚点。市场里有很多服饰、珠宝和复古小玩意儿，你可能会在搜寻一件独一无二的古董时迷路。复古集市的营业时间是每周的周末，你有什么借口不来这里寻找复古的穆拉诺玻璃制品、中世纪的人造珠宝、富有异域风情的中东地毯、精美的爱尔兰纺织品和其他能在这个露天集市找到的宝藏呢？

$200

Brooklyn Flea

布鲁克林跳蚤市场

周六：布鲁克林，37 街 241 号，工业城

周日：布鲁克林，曼哈顿大桥下拱门广场，丹波跳蚤市场

不管是给家里寻找一件稀有的摆设，购买送别友人的礼物，还是找寻一条完美的复古连衣裙，我喜欢在布鲁克林大桥周围进行这种原始的讨价还价冒险。布鲁克林跳蚤市场每周末都有几个市场在运营，不同地区的商家均是经过挑选的。可以周六在 37 街的工业城闲逛，周日到曼哈顿大桥下拱门广场的丹波跳蚤市场里转悠。不仅可以寻找到漂亮的服饰、别致的家具和小物件，还可以观赏来来往往的行人——这里是时髦街头风达人的聚集地。如果这些还不足以吸引你，小吃摊上美味的食物定会让你不虚此行。

03

Sleep

住在纽约

The Carlyle & The Empire Hotel

卡莱尔酒店、帝国酒店

上东区，东 76 街 35 号；上西区，西 63 街 44 号

作为纽约装饰派艺术风格的标志性建筑之一，卡莱尔酒店因纪念英国文学家托马斯·卡莱尔（Thomas Carlyle）而得名，是低调优雅的休憩之所。奢华的水晶吊灯和颜色鲜艳的天鹅绒沙发营造出迷人的氛围，这些都出自反极简主义的设计师桃乐茜·德雷珀（Dorothy Draper）之手。酒店严谨的作风从戴着白手套的礼宾员和穿着一尘不染的制服的电梯操控员身上得以体现，受到了一代又一代住客的赞赏，其中包括皇室成员、政治领袖和时尚电影大腕。上东区另一边的帝国酒店也是富豪名人爱去的地方。同样是装饰派艺术风格的标志性建筑，这座奢华酒店的内部风格和它的宾客一样多元。帝国酒店的顶点，被“帝国酒店”的霓虹灯招牌照亮着，是纽约的标志之一。

The Carlyle
Carlyle

The Surrey

萨里酒店

上东区，东 76 街 20 号

萨里酒店是一间结合了装饰派艺术风格与现代美学风格的精品奢华酒店。酒店内极为豪华的就餐地点昴宿星酒吧，其设计灵感源自时装设计师及现代艺术家可可·香奈儿。内部优雅的装饰印证了她的名言：“简单是所有真正意义上的优雅的关键所在。”这间酒店距中央公园、现代艺术博物馆及其他标志性文化建筑仅一个街区的距离，酒店也收藏了珍妮·霍尔泽和理查德·塞拉（Richard Serra）的作品，还有对着大厅的由查克·克洛斯（Chuck Close）拍摄的凯特·莫斯的电影剧照。住客可以申请参观酒店内的收藏品。

CHANEL
CHANEL
CHANEL

THE PLAZA
NEW YORK

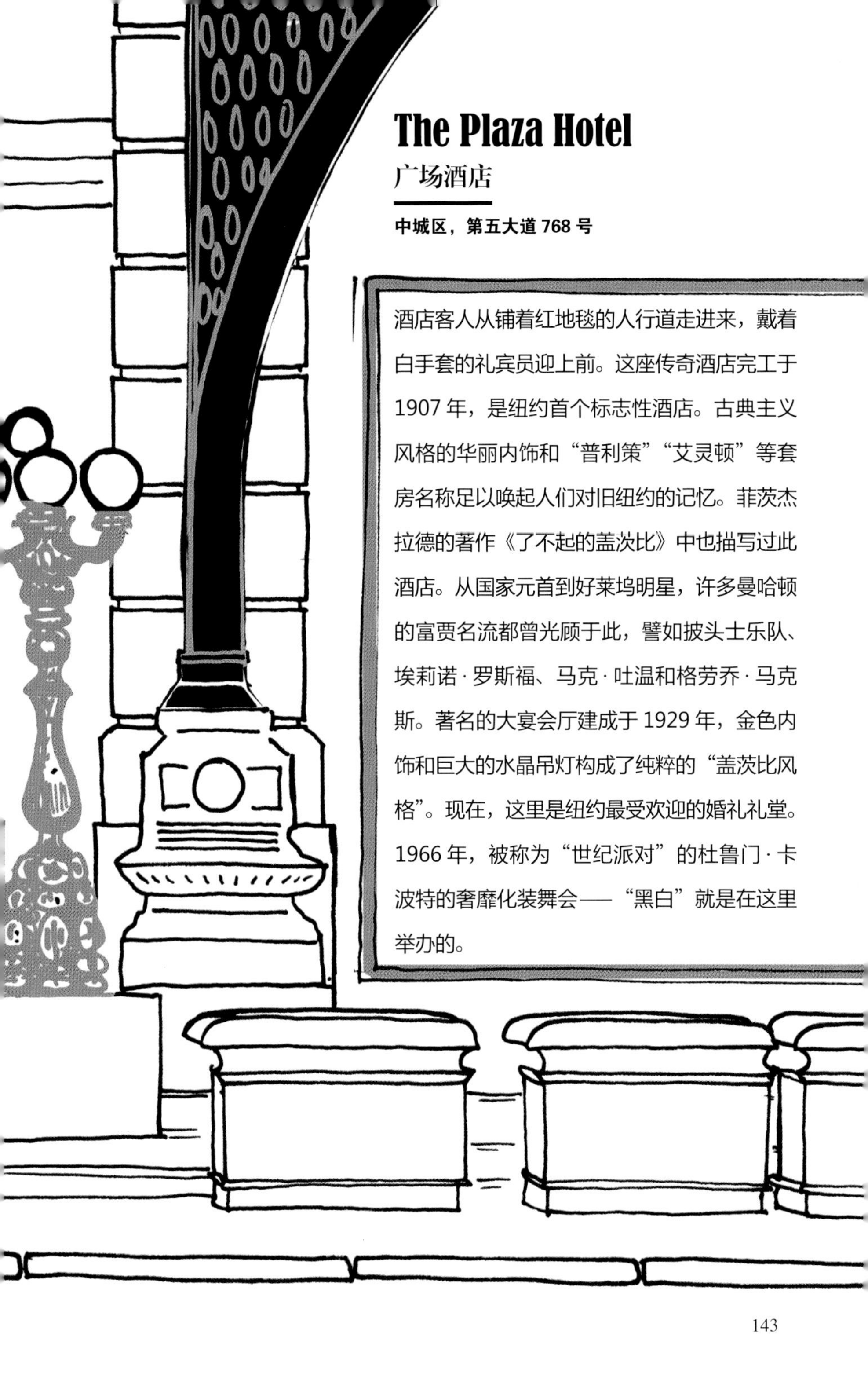

The Plaza Hotel

广场酒店

中城区，第五大道 768 号

酒店客人从铺着红地毯的人行道走进来，戴着白手套的礼宾员迎上前。这座传奇酒店完工于 1907 年，是纽约首个标志性酒店。古典主义风格的华丽内饰和“普利策”“艾灵顿”等套房名称足以唤起人们对旧纽约的记忆。菲茨杰拉德的著作《了不起的盖茨比》中也描写过此酒店。从国家元首到好莱坞明星，许多曼哈顿的富贾名流都曾光顾于此，譬如披头士乐队、埃莉诺·罗斯福、马克·吐温和格劳乔·马克斯。著名的大宴会厅建成于 1929 年，金色内饰和巨大的水晶吊灯构成了纯粹的“盖茨比风格”。现在，这里是纽约最受欢迎的婚礼礼堂。1966 年，被称为“世纪派对”的杜鲁门·卡波特的奢靡化装舞会——“黑白”就是在这里举办的。

Baccarat Hotel & Residences

巴卡拉酒店

中城区，西 53 街 28 号

作为纽约全新建造完工的酒店之一，巴卡拉酒店迅速成为奢华型旅游者的最爱。距现代艺术博物馆一步之遥的巴卡拉酒店布满了巴卡拉水晶，给中城区增添了奢华感和法式情调。走进闪闪发光的大楼，游客们会惊叹于其内部的华美装饰，它出自巴黎设计师吉勒和博西耶（Gilles & Bossier）夫妇之手。闪亮的哈科特墙面由两千块哈考特 1841 水晶做成。骑士餐厅的餐桌上摆放的巴卡拉玻璃餐具，还有酒店里到处悬挂着的水晶吊灯，共同打造出了一种迷人的氛围。巴卡拉酒店有目前世界上唯一的海蓝之谜水疗馆。在这间举办过许多时尚界热门活动的奢华酒店里，有机会看到扎克·珀森（Zac Posen）、芭比·波朗（Bobbi Brown）和其他时尚名流的身影。

NEW YORK

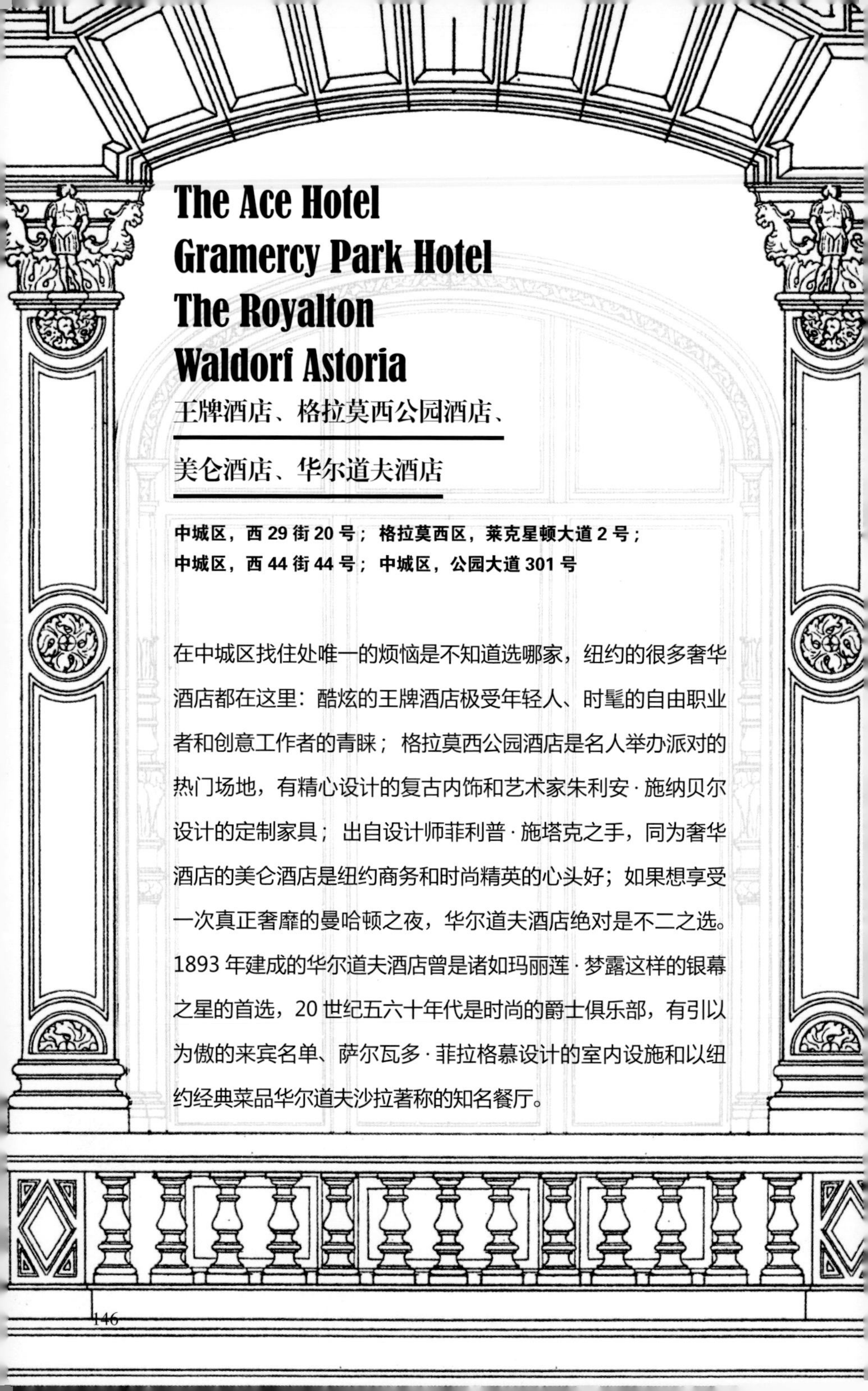

The Ace Hotel
Gramercy Park Hotel
The Royalton
Waldorf Astoria

王牌酒店、格拉莫西公园酒店、美仑酒店、华尔道夫酒店

中城区，西 29 街 20 号；格拉莫西区，莱克星顿大道 2 号；中城区，西 44 街 44 号；中城区，公园大道 301 号

在中城区找住处唯一的烦恼是不知道选哪家，纽约的很多奢华酒店都在这里：酷炫的王牌酒店极受年轻人、时髦的自由职业者和创意工作者的青睐；格拉莫西公园酒店是名人举办派对的热门场地，有精心设计的复古内饰和艺术家朱利安·施纳贝尔设计的定制家具；出自设计师菲利普·施塔克之手，同为奢华酒店的美仑酒店是纽约商务和时尚精英的心头好；如果想享受一次真正奢靡的曼哈顿之夜，华尔道夫酒店绝对是不二之选。1893 年建成的华尔道夫酒店曾是诸如玛丽莲·梦露这样的银幕之星的首选，20 世纪五六十年代是时尚的爵士俱乐部，有引以为傲的来宾名单、萨尔瓦多·菲拉格慕设计的室内设施和以纽约经典菜品华尔道夫沙拉著称的知名餐厅。

WALDORF ASTORIA
NEW YORK

The St Regis Hotel New York

纽约瑞吉酒店

中城区，第五大道东 55 街 2 号

若要体验一把真正的纽约式奢华，中城区的瑞吉酒店不容错过。这栋位于 55 街的古典建筑风格的宏伟大楼由约翰 · 雅各布 · 阿斯特（John Jacob Astor）设计，建成于 1904 年。酒店的古典气韵让从铺着红地毯的楼梯走到酒店大堂的这段路也变得熠熠生辉。来金 · 科尔酒吧喝一杯马提尼，或者下榻定制的迪奥套间吧。第 12 层的套间的设计灵感来自迪奥的巴黎工作室，套间中的细节和装饰向设计师的高定系列致敬。路易十六时期风格的家具，配上淡灰色的丝绸、天鹅绒布料和时尚的水彩插画，这个套间诠释着什么是奢华体验。

ST. REGIS
NEW YORK
DO NOT
DISTURB
PLEASE

Le Parker Meridien

艾美乐帕克酒店

中城区，西 56 街 119 号

大理石地板装饰着华丽的大厅，顺着达米安·赫斯特（Damien Hirst）的一幅波点画来到迎宾台。古典风格和现代风格在这间酒店达到了平衡，使其受到时尚和艺术群体的欢迎。现代艺术博物馆、中央公园和曼哈顿众多热门精品店均距它不远。白天忙中偷闲来这里做个水疗，晚上下榻酒店的奢侈套房，或者在酒店顶层的玻璃泳池里俯瞰中央公园的美景吧！

8 FEET DEEP

Four Seasons & Hudson

四季酒店、哈德森酒店

中城区，东 57 街 57 号；中城区，西 58 街 358 号

著名连锁酒店——四季酒店的纽约分店位于东 57 街，在曼哈顿岛的中心地带，蒂芙尼精品店对面。这座 52 层的酒店内，有很多高档品牌的专卖店。酒店高耸在中城区，从房间里可以看到美丽的城市景观。几个街区外，是设计爱好者喜爱光顾的时髦的哈德森酒店。四季酒店外墙由钢筋和霓虹玻璃筑成，与著名设计师菲利普·斯达克设计的夸张内饰形成对比，嘲弄着传统的设计风格，诠释着“便宜的时髦”。透明的玻璃电梯载着客人来到一层的大堂。酒店里有很多活动空间，是城里许多热门的时尚派对和电影派对理想的举办场地。

Soho Grand Hotel & Sixty Soho
Nomo Soho & The Standard
The Maritime & The Greenwich Hotel

苏活格兰德酒店、苏活六十酒店、
苏活诺莫酒店、标准酒店、
海洋酒店、格林尼治酒店

苏活区，西百老汇大道 310 号；苏活区，汤普森街 60 号；
苏活区，克罗斯比街 9 号；肉库区，华盛顿街 848 号；
切尔西区，西 16 街 363 号；翠贝卡区，格林尼治街 377 号

门前便是纽约最棒的艺术和时尚天地，苏活区里的奢华酒店简直完美。格兰德酒店和六十酒店是我特别喜欢的两个酒店，它们既奢华又温馨。纽约时装周期间，知名的博主、摄影师、模特都会下榻这里。标准酒店仍然是纽约新奢华派的代表，吸引着前景广阔的创意从业者前来，在大都会艺术博物馆慈善舞会的余兴派对上肖恩·科里·卡特（Jay-Z）和索朗热·诺尔斯广为人知的电梯殴打事件就是发生在这里。附近的海洋酒店有着独树一帜的舷窗外形，是一座建于 20 世纪中叶的标志性建筑，非常独特，俯瞰着高线公园。罗伯特·德尼罗（Robert De Niro）名下的格林尼治酒店更为经典，是电影界和时尚界人士的最爱。

Crosby Street Hotel

克罗斯比街酒店

苏活区，克罗斯比街 79 号

来自伦敦的酒店老板蒂姆和姬特·肯普夫妇（Tim & Kit Kemp）创办的克罗斯比酒店既富创意又舒适。酒店装饰派艺术的风格中混杂了彩色复古元素的怪诞细节。这间精品酒店是纽约时尚界人士参加诸如大都会艺术博物馆慈善舞会这样的场合前试妆的首选，明星和顶级品牌都会入驻这里。住在这里，你可以在酒店绝佳的阁楼里闲逛，或者在楼顶迷人的花园里徜徉，它负责给楼下的餐厅供应新鲜的食材。

Soho House

苏活之家

肉库区，第九大道 29–35 号

实行会员制的苏活之家，在世界范围内的创意产业圈里有着众所周知的顶级会员群体。1995 年实业家尼克·琼斯（Nick Jones）在伦敦创办了第一家这样的私人俱乐部，现在在全球各地的主要城市里已经开设了 15 家分店，从多伦多到伊斯坦布尔，甚至英国的牛津郡也有一间乡村俱乐部。高雅的品位，前卫的内饰，注重严谨和私密性是苏活之家的标志。如果你是《欲望都市》的粉丝，你一定记得即使装成了安娜贝尔·布隆斯坦（Annabelle Bronstein）或是萨曼莎（Samantha），依然无法弄到苏活之家的会员卡。如果你有幸成为这间豪华酒店的会员，记得入住其 24 间客房中的一间，去看看他们的私人影院或者在天台的泳池稍作休憩。

SOHO HOUSE
NEW YORK

04

Eat/Drink

食在纽约

Little Collins

小柯林斯

中城区，莱克星顿大道 667 号

在纽约，小柯林斯是我买咖啡的首选之地。2013 年，澳大利亚创业人利昂·昂力克（Leon Unglik）创立了这家店，除了咖啡，店里还有澳洲蔬菜酱吐司出售。如果你吃不惯蔬菜酱，可以选择早午餐菜单上的麦片粥、牛油果泥和美味的咖啡，这些美食餐饮也让这间咖啡零售店成为纽约人和澳大利亚人的最爱。在探索纽约之前，来这里给自己“充个电”吧。

CHANEL

MarieBelle New York Chocolates

玛丽贝尔巧克力屋

苏活区，布隆街 484 号

藏在苏活区布隆街上的玛丽

贝尔是享受一杯浓郁的热巧克力，好好犒劳自己的完美地点，2002 年由马里韦尔·利伯曼创办，这家店里刻着复古图案的巧克力可谓艺术品，既是视觉盛宴，又是味觉享受。利伯曼的时尚嗅觉为内饰赋予了极高的品位，从新艺术风格的橱柜到玛丽贝尔招牌的蓝色钻石图案墙纸，使其看起来就像一个复古的游乐园。

木兰蛋糕房

苏活区，布里克街 401 号

让你膝盖发软的糖霜，街角排队的人群——在《欲望都市》中曝光后，木兰蛋糕房成为一家名店。自那之后，蛋糕房的点心，尤其是他们的红丝绒奶油纸杯蛋糕，对爱情生活不顺的人们而言，成了最好的治愈良方。这间色调柔和、用黑板做招牌的布里克街老店有美国传统蛋糕房的风格。蛋糕房里我最爱的甜点是香蕉奶油派。木兰蛋糕房是詹妮弗·阿佩尔（Jennifer Appel）和阿丽莎·托雷（Allysa Torey）于 1996 年创办的，现在已经有了许多海外分店，这意味着著名的木兰纸杯蛋糕不再是爱好甜食的纽约人的专属美味了。

MAGNOLIA
BAKERY
NEW YORK CITY

Armani Ristorante

阿玛尼餐厅

中城区，第五大道 717 号

在阿玛尼的这间优雅的餐厅里，时尚和食物相遇了。由建筑师多里亚娜和马西米利亚诺·福卡斯（Doriana & Massimiliano Fukas）设计的极具雕塑感的楼梯连接起了阿玛尼专卖店的大堂和楼上的就餐区。无论是精致的餐具还是黑白的色彩搭配，这个来自米兰的现代奢侈品牌的元素在餐厅中随处可见，甚至给顾客提供的水都是阿玛尼自己品牌的气泡水——阿玛尼天然矿泉水。

BG Restaurant at Bergdorf Goodman

波道夫·古德曼百货 BG 餐厅

中城区，第五大道 754 号 7 层

迄今为止，我极为喜爱的工作是为波道夫·古德曼百货给 BG 餐厅画插画。在街道上奔走了一天后，古德曼百货 7 层的 BG 餐厅是完美的避难所。由凯里·维斯特勒（Kelly Wearstler）设计的内部装饰像是《爱丽丝梦游仙境》一样：弧形的皮椅、棋盘般的地板和柔和的色彩搭配。且这里可以俯瞰中央公园。午餐菜单上的哥谭沙拉是这里的特色菜，也是常光顾这里的时尚界人士的最爱。

Grand Central Oyster Bar & Restaurant

中央车站牡蛎餐厅

中城区，东 42 街 89 号，中央车站

有精心拼接的拱形天花板、红色棋格般的桌布，且能唤起回忆的中央车站牡蛎餐厅仍然非常热闹，坐满了本地人和消息灵通的游客。在曼哈顿中央车站的地窖里，牡蛎被成打地放在冰上，装在巨大的浅盘里，再端上桌，并配上源源不断的香槟。若要吃得稍微低调一些，可以尝试红玛丽鸡尾酒和龙虾卷当午餐。饭店里的新旧元素碰撞使其成为时装周派对和设计师拍照的热门场所。2015 年吴季刚品牌春夏系列的宣传照里，有一张是模特卡莉 · 克劳斯（Karlie Kloss）懒散地坐在餐厅的主吧台上，旁边摆着龙虾卷的场景。

SAINT-VÉRAN

The Beatrice Inn

碧翠丝酒馆

西村，西 12 街 285 号

20 世纪 20 年代，禁酒令期间，碧翠丝酒馆是城里著名的地下酒吧、令人陶醉的温柔乡。如今，来这里的宾客仍旧络绎不绝。时尚界的明星、设计师、造型师、编辑都是这里的常客，因此，时尚杂志上常常能看见纽约时装周期间在这里举办的很棒的派对，参加派对的人包括玛丽-凯特·奥尔森和阿什莉·奥尔森，凯特·莫斯和科洛·塞维尼（Chloe Sevigny）。最近，餐饮业“大佬”兼《名利场》的编辑格雷顿·卡特（Graydon Carter）让碧翠丝焕发了新面貌——将其改造为一个高档的肉食啤酒屋，吸引着星光闪耀的客人们继续登门。

ATRICE INN
MENU

Balthazar

巴尔萨泽

苏活区，春天街 80 号

巴尔萨泽餐厅是曼哈顿法式风情爱好者的聚集地，而且出了名的难订桌。从炸薯条到鞑靼牛排，这家餐馆都遵循法式标准，用木制嵌板装饰的墙壁营造出一种温馨的气氛，闪亮的镜子和红色皮层的卡座让你仿佛身处另一个时空。巴尔萨泽餐厅为在纽约的巴黎人提供了慰藉，包括维多利亚、大卫·贝克汉姆、朱利安·摩尔（Julianne Moore）和索菲娅·洛任（Sophia Loren）这样的时尚人士和明星也会光临。毫无疑问，它是我非常喜欢的纽约餐厅。

ECLAIR

La Bergamote

佛手柑甜品店

切尔西区，第九大道 177 号

虽然可颂、法式热三明治和乳蛋饼都很有名，但佛手柑甜品店最为人称道的还是甜点。玻璃架上摆满了让人无法抗拒的法式甜点，从一座座草莓慕斯制成的甜品塔到令人堕落的巧克力手指饼干，这家位于切尔西区的甜品店让人无法挪步。唯一的烦恼在于，你根本不知道该选哪个。

Bar Pitti
Cipriani Downtown
IL Cantinori

皮蒂酒吧

齐普利亚尼餐厅

康堤诺利餐厅

西村，第六大道 268 号；
苏活区，西百老汇大道 376 号；
格林尼治村，东 10 街 32 号

纽约人喜欢意大利菜已不是什么秘密了，从比萨店到意大利餐馆，经常可以看到时尚界人士的身影。我常去的皮蒂酒吧，从 1992 年起便开始提供托斯卡纳菜肴，吸引着名人宾客光顾。时令特色菜也备受期待。我也很爱下城区的齐普利亚尼餐厅，墙上挂着的一系列名画和桌上铺着的白色桌布营造出了舒适的就餐环境，纽约名流喜欢来这个优雅的地方享用午餐。这里的特色贝里尼鸡尾酒是完美的饭前开胃酒。康堤诺利餐厅是另一个到纽约必去的意大利餐厅。无论是陶土色的拼接地板、漂亮的插花，还是佩斯卡托里炖饭，康堤诺利餐厅具备一家经典托斯卡纳餐厅应有的基本条件。这里的时令菜单不时更新，显示着自 1983 年开店以来他们一直在努力着。《欲望都市》中著名的场景——凯莉孤独的 35 岁生日就是在这里度过的。但我不得不说，我在这里度过的每一个晚上都非常快乐！

bar pitti

Bottino
博蒂诺

切尔西区，第十大道 246 号

在画廊区的心脏，距高线公园仅一步之遥的博蒂诺是纽约艺术界和时尚界的大腕们常来的地方。这家 1998 年由丹尼·艾默曼（Danny Emerman）和亚历山德罗·普罗斯佩里（Alessandro Prosperi）创办的高档餐厅，为自己的忠实客户提供当代的托斯卡纳佳肴。和很多下城区的餐厅一样，它有一个非常漂亮的花园，日落之后，这个布满常春藤的地方会变成一个充满魔力的烛光乐园。饭店的内部装修风格更为复古，20 世纪中叶的木制家具和克制的装饰使其成为商务午餐或晚餐的理想之地，如果你想和画廊经理人、艺术家和当地艺术活动策展人擦肩而过的话，这里就更适合了。

BOTTINO
MENU

The Waverly Inn and Garden

韦弗利花园酒馆

西村，银行街 16 号

现在归《名利场》编辑兼餐饮业专家格雷顿·卡特所有的韦弗利花园酒馆，自 1920 年开业以来便一直是纽约著名的餐厅。虽然现在很难订位，但如果你有幸订到一个抢手的位置，一定要尽情享用它简单现代的法式菜肴。浪漫的烛光、白色的桌布和无可挑剔的鸡尾酒为你在韦弗利的晚餐营造出美好的氛围。餐厅后面的花园是享用一顿迷人的纽约午餐的完美场所。

The
WAVERLY INN
and
GARDEN
New York City

The King Cole Bar at the St.Regis

金·科尔酒吧

中城区，第五大道东 55 街 2 号瑞吉酒店内

来中城区，马提尼酒是必不可少的，金·科尔酒吧则是调制马提尼的“老手”。金·科尔酒吧位于华丽的瑞吉酒店的一层，装饰派艺术风格的内饰和吧台后巨大的壁画让人想到 20 世纪 20 年代纽约辉煌的爵士时代。在中城区令人眼花缭乱的奢侈店逛了一天后，金·科尔酒吧是晚饭前放松一下的完美地点。

ST. REGIS
NEW YORK

Salon De Ning at the Peninsula Hotel

宁夫人沙龙

中城区，第五大道 700 号半岛酒店 23 层

在半岛酒店顶层的宁夫人沙龙里，可以看到壮观的景色，晚上，这里是观赏“曼哈顿天际线”的绝佳地点。店名来自虚构人物——20 世纪 30 年代的上海社交名人宁夫人。这间独具东方风情的酒吧会把你带到另一个时代。店内玻璃柜中展示的优雅旗袍和艺术品，整体的风格让人想起爵士时代。若你感到不知身在何处，只需看一眼曼哈顿高耸的摩天楼便可立马知道自己身在纽约。

The Back Room

密室酒吧

下东区，李文顿街 131 号

密室酒吧是一间鸡尾酒酒吧，20 世纪 20 年代禁酒令期间，它是一间地下酒馆。如今，它延续着自己的传统，来这里的客人依然需要从最早的秘密入口进店。红色的天鹅绒家具和提花家具，木制嵌板墙壁，红色的灯罩和昏暗的灯光营造出一种隐秘感。它甚至还出现在美国家庭影院的热门电视剧《大西洋帝国》中。

The Chef's Table at Brooklyn Fare

布鲁克林主厨餐桌

中城区，西 37 街 431 号

想来布鲁克林主厨餐桌吃饭可能要等 6 周时间，但是这家令人垂涎的餐厅值得等待。凯撒 · 拉米雷（César Ramírez）创办于 2009 年的这间米其林三星饭店是纽约极受欢迎的餐厅之一。餐厅里有闪闪发亮的铜锅作装饰，海鲜是试吃菜单上的焦点，受到法式和日式做法的影响，会不断更新。顾客可以直接从主厨的 U 形吧台上拿到食物享用，这个吧台延展到整个饭店。

DVF
DIANE von FURSTENBERG
LAUREN
MARC JACOBS

Listings 纽约街区名录

01 布鲁克林

02 切尔西区

03 格拉莫西

04 格林尼治村

06 下东区

07 曼哈顿下城

08 肉库区

09 中城区